A CULPA É DO MEU CÉREBRO!

NICOLA MORGAN

A CULPA É DO MEU CÉREBRO!

DESVENDANDO AS MARAVILHAS DO CÉREBRO ADOLESCENTE

Tradução de Bruno Fiuza

Título original
BLAME MY BRAIN
THE AMAZING TEENAGE BRAIN REVEALED

Copyright do texto © 2005, 2013, 2022 Nicola Morgan
Copyright das ilustrações das páginas 15, 21, 22, 57, 151, 165, 166, 167 © 2005 Andy Baker

A autora e o ilustrador asseguram seus direitos de ser identificados como Nicola Morgan, autora, e Andy Baker, ilustrador desta obra em conformidade com o Copyright, Designs and Patents Act, 1988.

Todos os direitos reservados.
Nenhuma parte desta obra pode ser reproduzida ou Transmitida por meio eletrônico, mecânico, fotocópia ou sob qualquer outra forma sem a prévia autorização do editor.

Direitos para a língua portuguesa reservados
com exclusividade para o Brasil à
EDITORA ROCCO LTDA.
Rua Evaristo da Veiga, 65 – 11º andar
Passeio Corporate – Torre 1
20031-040 – Rio de Janeiro – RJ
Tel.: (21) 3525-2000 – Fax: (21) 3525-2001
rocco@rocco.com.br
www.rocco.com.br

Printed in Brazil/Impresso no Brasil

Preparação de originais
TIAGO LYRA

CIP-BRASIL. CATALOGAÇÃO NA PUBLICAÇÃO
SINDICATO NACIONAL DOS EDITORES DE LIVROS, RJ

M846c

    Morgan, Nicola
        A culpa é do meu cérebro! : desvendando as maravilhas do cérebro adolescente / Nicola Morgan ; tradução Bruno Fiuza. - 1. ed. - Rio de Janeiro : Rocco, 2023.

        Tradução de: Blame my brain : the amazing teenage brain revealed
        ISBN 978-65-5532-370-2
        ISBN 978-65-5595-213-1 (recurso eletrônico)

        1. Adolescentes - Psicologia. 2. Cérebro. 3. Psicologia cognitiva. 4. Adolescentes - Conduta. I. Fiuza, Bruno. II. Título.

23-84585   CDD: 155.51
                 CDU: 159.922.83

Meri Gleice Rodrigues de Souza - Bibliotecária - CRB-7/6439

O texto deste livro obedece às normas do
Acordo Ortográfico da Língua Portuguesa.

Para as minhas filhas.
Quem dera eu soubesse disso tudo há mais tempo!

Agradecimentos

Pela generosa ajuda ou incentivo com as edições anteriores deste livro, minha imensa gratidão ao professor Simon Baron-Cohen, à professora Sarah-Jayne Blakemore, à dra. Stephanie Burnett Heyes, ao dr. Paul Ekman, à professora Susan Greenfield, ao dr. Murray Johns, ao professor John Stein, à dra. Deborah Yurgelun-Todd e ao professor Marvin Zuckerman. Eles me deixaram confiantes de que eu havia entendido corretamente o trabalho deles. Quaisquer erros, claro, são de minha responsabilidade.

Para esta nova edição, também sou grata pelas contribuições e ideias de alguns jovens, especialmente Evie, de 17 anos, e Amelia Heaven, uma talentosa estudante de psicologia. E agradeço aos docentes e alunos da Epsom College e da Portsmouth Grammar School, comandadas, respectivamente, por duas professoras incansáveis, Helen Keevil e Bryony Hart. Juntamente com todos os outros estudantes e profissionais com quem me comuniquei ao longo dos anos, elas ajudaram a manter o livro moderno e relevante.

Sumário

Introdução 13
Fundamentos do cérebro 15

CAPÍTULO UM

O cérebro social — celulares, amigos,
likes e pressão dos pares 27
VOCÊ ESTÁ VICIADO EM TELAS? 47

CAPÍTULO DOIS

Emoções poderosas 50
VOCÊ CONSEGUE LER AS EMOÇÕES
NO ROSTO DOS OUTROS? 72

CAPÍTULO TRÊS

Sono — muito sono 85
QUÃO SONOLENTO VOCÊ ESTÁ? 103

CAPÍTULO QUATRO

Correndo riscos 105
O QUANTO VOCÊ É PROPENSO AO RISCO? 129

CAPÍTULO CINCO

Meninas e meninos — corpos diferentes,
cérebros diferentes, comportamentos
diferentes? 135
SEU CÉREBRO TEM UM PADRÃO
MASCULINO OU FEMININO? 165

CAPÍTULO SEIS

O lado sombrio — depressão, vício,
automutilação e coisas piores 168
VOCÊ ESTÁ SE SENTINDO TRISTE? 190

CAPÍTULO SETE

Cada vez melhor — seu maravilhoso cérebro 192
TESTE O PODER DO SEU CÉREBRO 205

Conclusão 210
Glossário 211
Nota da autora 214
Sugestões de leitura 216
Notas 219

Se o cérebro humano fosse simples o suficiente para ser compreendido, seríamos simples demais para compreendê-lo.

Emerson Pugh,[1] 1977

Uma nota da autora: por que esta nova edição?

Sete anos é bastante tempo para a neurociência! Pesquisas confirmaram o que já sabíamos e foram além, então atualizei algumas referências e acrescentei novos insights interessantes ou melhores explicações. Como os links da internet geralmente mudam e pode ser difícil redigitá-los a partir do livro impresso, incluí todos eles e muito mais no meu site pessoal (consulte a seção *Blame My Brain*).

Acrescentei um novo capítulo, "O cérebro social", inspirado pelas redes sociais, que não eram uma parte tão importante das nossas vidas quando a última edição foi publicada. Revisei o capítulo sobre diferenças entre masculino/feminino, de modo a refletir novas constatações e diferentes pontos de vista.

Por fim, a forma como falamos sobre saúde mental e a minha própria linguagem em relação a isso mudou ao longo dos anos, e, em alguns momentos, o tom das edições anteriores parece um pouco lúdico demais. Sempre lutei lado a lado com adolescentes e desenvolvi a reputação de ter empatia e não ser condescendente, e precisava que essa nova edição refletisse meu respeito pelas questões da saúde mental. Ao mesmo tempo, tantos leitores gostaram das edições anteriores que seria errado remover todos os elementos lúdicos. A adolescência pode ser difícil, e, às vezes, a melhor abordagem é ter um sorriso no rosto, desde que o respeito e o apoio emocional se mantenham em destaque.

Introdução

Todos os pais foram adolescentes perfeitos em seu tempo. Seres humanos exemplares. Nunca bebiam, fumavam, falavam palavrões nem passavam o dia inteiro dormindo. Tinham total controle de seus hormônios. Inclusive, provavelmente nem tinham hormônios! Eram tranquilos, estavam sempre sorridentes e agiam com uma educação incrível com todos ao redor.

Todos os pais também têm amnésia. É por isso que eles acham que o parágrafo acima é verdadeiro.

Eles retocaram os momentos desagradáveis de seus passados: as partes sofridas, ensebadas, fedorentas, hormonais, raivosas e agressivas. Eles vão dizer que arrumavam seus quartos e que organizavam as matérias do dia na escola em ordem alfabética toda noite antes do jantar. E que iam buscar carvão durante o inverno, que cortavam lenha na floresta e vendiam fósforos nas ruas congeladas para juntar dinheiro suficiente para se dar de presente uma visita à biblioteca. Se tivessem sequer pensado em dizer palavrões a uma pessoa mais velha, teriam sido forçados a escrever cinco milhões de vezes: "Tenho um respeito inquestionável por todos os adultos." As provas eram mais difíceis e eles eram mais inteligentes porque não havia vídeos/ PlayStation/ redes sociais naquela época. Eram todos pobres, mas felizes. E, no Natal, a maior alegria deles era participar das brincadeiras em família. Isso depois de terem escrito seus cartões de agradecimento. Brócolis? Não, eles não gostavam, mas comiam mesmo assim, e valorizavam sua importância tradicional. Brócolis eram formadores de caráter.

Se os adultos soubessem a verdade sobre o cérebro adolescente, entenderiam que não seria possível escapar de seu comportamento peculiar. Caso leiam este livro, pode ser que comecem, gradualmente, a se lembrar da verdade sobre seus anos de adolescência. O que eles não enxergam, e o que este livro pretende mostrar, é que o cérebro adolescente sempre foi especial. Coisas diferentes, fascinantes e importantes estão acontecendo lá dentro, coisas que acontecem com todo mundo. Algumas dessas informações ou são novas ou confirmam algo que os cientistas descobriram recentemente. A maioria dos adultos vai se sentir surpresa, fascinada e tranquilizada pelo conteúdo deste livro.

Quero que você possa dar uma olhada nos bastidores do seu próprio cérebro, de modo que, da próxima vez em que se vir diante de uma bronca por ainda estar na cama na hora do almoço, ou por não ter ido para a cama antes de amanhecer, por xingar um professor, por fumar (mesmo que seja ruim para você!), por reagir de modo emotivo, por correr riscos, por ser instável de modo geral, possa simplesmente dizer: "A culpa não é minha — a culpa é do meu cérebro."

Na verdade, nada disso é propriamente uma desculpa: é uma explicação. Depois de saber o que está acontecendo no seu cérebro, e por quê, é possível trabalhar *em parceria* com ele, em vez de ficar apenas sofrendo. Conhecimento e compreensão já ajudam muito.

Você pode até mesmo decidir respeitar seu cérebro e tratá-lo um pouco melhor depois de entender o que está acontecendo dentro dele.

Leia e se surpreenda.

Nicola Morgan
2022

Fundamentos do cérebro

Existem algumas coisas que você precisa saber para que o restante do livro faça sentido, alguns fatos básicos sobre o cérebro e como ele funciona de que precisa estar ciente. Então, quando eu usar uma palavra como **neurônio** adiante, vai saber do que eu estou falando. E, caso tenha se esquecido, sempre pode voltar a esta seção.

FUNDAMENTO DO CÉREBRO 1: DO QUE ELE É FEITO?

O cérebro humano contém em média entre 85 bilhões e 100 bilhões de células nervosas (neurônios). Cada neurônio tem uma parte comprida em forma de cauda (**axônio**) e muitas ramificações (**dendritos** — da palavra grega *dendron*, que significa árvo-

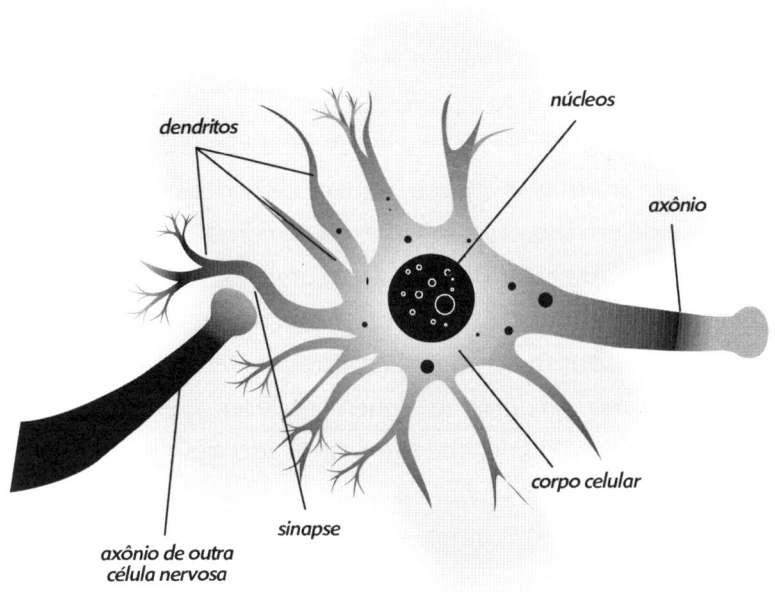

re). Um neurônio transmite mensagens super-rápidas para outros neurônios ao enviar uma pequena corrente elétrica ao longo de seu axônio e através de minúsculas lacunas (**sinapses**) dos dendritos de outros neurônios. Essas mensagens são chamadas de "potenciais de ação" — elas permitem que coisas aconteçam, incluindo pensamentos, lembranças, decisões e ações.

Se os neurônios não se comunicassem, seu corpo não faria nada. Cada mínima coisa que você faz — cada pensamento, ação, espirro, emoção, até mesmo ir ao banheiro — acontece quando os neurônios enviam as mensagens certas, em alta velocidade, por meio dessa rede incrivelmente complexa de ramificações.

Cada vez que você repete a mesma ação, ou pensamento, ou relembra a mesma memória, essa teia particular de conexões é reativada. Sempre que isso acontece, a teia de conexões fica mais forte. E, quanto mais fortes as conexões, melhor você se sai nessa tarefa específica. É por isso que as pessoas costumam dizer que a prática leva à perfeição.

Entretanto, se você não usar essas conexões, elas podem desaparecer. É assim que você se esquece de como fazer algo — se esquece de um fato ou um nome, ou de como fazer um cálculo matemático ou chutar uma bola em uma trajetória perfeita. Se quiser reaprender determinada coisa, precisa reconstruir a teia de conexões — por meio da prática, novamente. Após uma lesão cerebral, como um derrame, alguém pode ter que reaprender a andar ou falar, se o derrame tiver danificado alguns dos neurônios e dendritos que ajudam a controlar a caminhada ou a fala.

Todos nós temos habilidades diferentes. Os cérebros de um pianista e de um jogador de futebol terão números diferentes de dendritos e de sinapses em diferentes áreas.

Quando um bebê humano nasce, quase todos os seus neurônios já estão presentes. Mas ele tem poucos dendritos e, portanto, poucas sinapses conectando-os. É por isso que os bebês não sabem fazer muita coisa. Mas seus cérebros se desenvolvem rapidamente. O momento em que os dendritos se desenvolvem com mais rapidez em um bebê é em torno dos 8 meses. Um neurônio pode ter até dezenas de milhares de dendritos, e pode haver 100 trilhões de conexões em um cérebro humano normal.

O cérebro é feito de **massa cinzenta** e **massa branca**. A massa cinzenta é composta principalmente de neurônios, e a maioria deles se encontra no **córtex** (a parte enrugada externa do cérebro, que tem apenas cerca de 2 milímetros de espessura). A massa branca fica principalmente abaixo do córtex e é composta por todos os axônios que transportam mensagens entre os neurônios. Poderíamos chamar a massa cinzenta de "a parte inteligente". Mas ela não seria capaz de fazer muita coisa se não houvesse uma bela quantidade de massa branca também.

Além disso, você tem células cerebrais chamadas **células gliais**. Elas não podem transmitir mensagens nem instruí-lo a fazer nada, mas proporcionam sustentação e nutrição aos neurônios e ajudam a remover resíduos indesejados.

FUNDAMENTO DO CÉREBRO 2: NEURÔNIOS-ESPELHO

Existe um tipo fascinante de neurônio chamado **neurônio-espelho**. Eles foram identificados pela primeira vez por cientistas italianos[2] na década de 1990 e estão começando a oferecer insights concretos sobre a forma como nós aprendemos. Quando fazemos determinada coisa, os neurônios na parte relevante do nosso cérebro disparam, enviando mensagens para que possamos agir. Mas alguns deles — os neurônios-espelho — disparam quando simplesmente observamos alguém realizar uma ação. Esses mesmos neurônios-espelho também serão usados quando nós mesmos fizermos isso. Portanto, se observarmos alguém fazer determinada coisa algumas vezes, talvez seja mais fácil quando nós mesmos fizermos aquilo, porque alguns dos nossos neurônios já praticaram aquela ação.

Ou seja, a forma como as pessoas ao nosso redor se comportam é muito importante para os nossos comportamentos — e isso não vale apenas para os jovens, mas para pessoas de todas as idades. Isso ajuda a explicar como aprendemos por imitação.

FUNDAMENTO DO CÉREBRO 3: FAZENDO CONEXÕES
As conexões não surgem do nada nem aleatoriamente, mas quando fazemos alguma coisa. Cada vez que um bebê tenta se concentrar em um objeto, isso faz com que as conexões se multipliquem e se fortaleçam nas áreas do cérebro que lidam com a visão e nas áreas que cuidam da compreensão do que vemos e nas partes que tratam de lembrar do que vimos.

> Os cientistas podem observar os cérebros de ratos jovens e contar o aumento no número de dendritos depois que os ratos passaram alguns dias aprendendo a andar em um labirinto, por exemplo.[3]

Acho igualmente interessante (embora talvez um pouco assustador) saber que os cientistas também descobriram que existem períodos críticos no desenvolvimento do cérebro, e que, se a coisa certa não for praticada no momento certo, pode não ser possível desenvolver certas habilidades mais tarde. É por isso que, se você não aprender uma língua estrangeira antes dos 7 anos, ainda que *possa* aprender a falá-la de forma fluente, é provável que seja sempre com um sotaque diferente. É por essa mesma razão que, se um bebê não tiver a oportunidade de usar a visão antes dos 8 meses de idade, esse sentido provavelmente será afetado mais tarde.[4] Mas, para nossa sorte, a *maioria* das habilidades não funciona assim: elas podem ser aprendidas mais tarde, ainda que tenhamos perdido algumas lições precoces.

Se você pensar nas suas células e conexões cerebrais como algo semelhante a árvores, é mais fácil visualizar o que acontece. Imagine começar com uma árvore muito pequena, com poucos galhos — se você regá-la e nutri-la, muitos novos galhos vão surgir. Isso é um pouco parecido com o que ocorre quando você faz ou pratica alguma coisa: a ação desenvolve as células cerebrais que são responsáveis por aquela coisa em particular e faz com que cresçam mais galhos, cada vez mais fortes.

FUNDAMENTO DO CÉREBRO 4: ZONAS DO CÉREBRO

Embora cada ser humano seja um indivíduo único, todos os nossos cérebros têm as mesmas áreas ou seções, todas funcionando mais ou menos da mesma forma (embora existam algumas diferenças maravilhosas quando você olha bem de perto para o modo como os cérebros funcionam individualmente).

Diferentes áreas do cérebro ajudam a controlar os diferentes tipos de atividade que executamos, mas não é tão simples quanto dizer: "Essa parte controla a memória e esta parte controla o movimento." Existem diferentes tipos de memória e de movimento, e o quão boa é a sua memória ou seu movimento vai depender da qualidade das conexões entre todas as partes do seu cérebro e da força das ramificações ou das vias entre elas. Uma forma de entender isso é pensar no ato de tocar um piano: você precisa usar sua memória de como tocar piano *e* sua memória para as notas de uma determinada música *e* a capacidade de controlar o movimento de várias partes do seu corpo *e* as áreas do cérebro que controlam a visão — *e* as partes que controlam especificamente seus dedos. Tocar piano envolve várias áreas do seu cérebro trabalhando ao mesmo tempo.

Portanto, mais adiante no livro, às vezes (na verdade, com bastante frequência!) vou mencionar uma área do cérebro chamada **córtex pré-frontal** e dizer que ele "engloba as partes que controlam a lógica, a tomada de decisão, o pensamento complexo" — mas, na verdade, é mais intrincado do que isso, porque muitas partes do cérebro estarão atuando juntas. Sem contar que ainda existe muita coisa que os cientistas não sabem sobre como todas essas áreas atuam.

Contudo, ainda assim podemos dizer quais áreas específicas do cérebro são especialmente importantes para determinadas atividades.

A imagem a seguir apresenta as principais áreas do cérebro e as principais coisas que elas ajudam a controlar. Você tem dois hemisférios em seu cérebro, e cada um é bastante semelhante ao outro e possui seções correspondentes. Eles estão conectados pelo corpo caloso, e, na maioria das atividades, você usa os dois hemisférios ao mesmo tempo, mas de formas ligeiramente distintas.

O hemisfério esquerdo do cérebro controla tudo no lado direito do corpo, e o hemisfério direito controla o lado esquerdo.

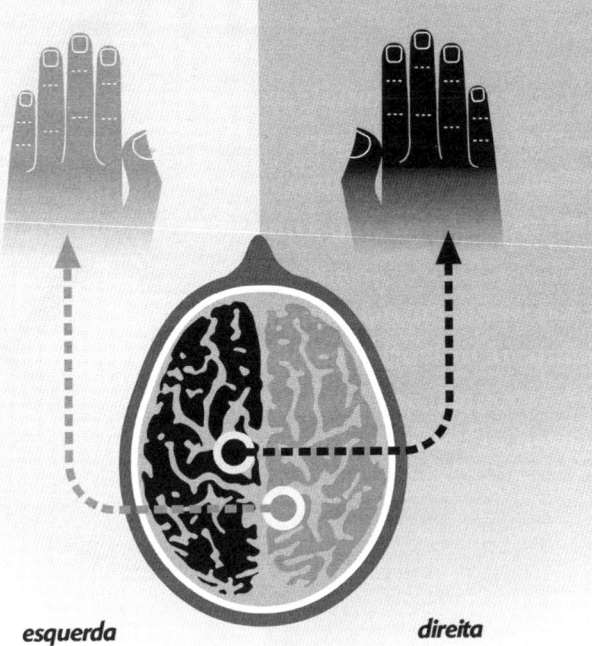

esquerda — direita

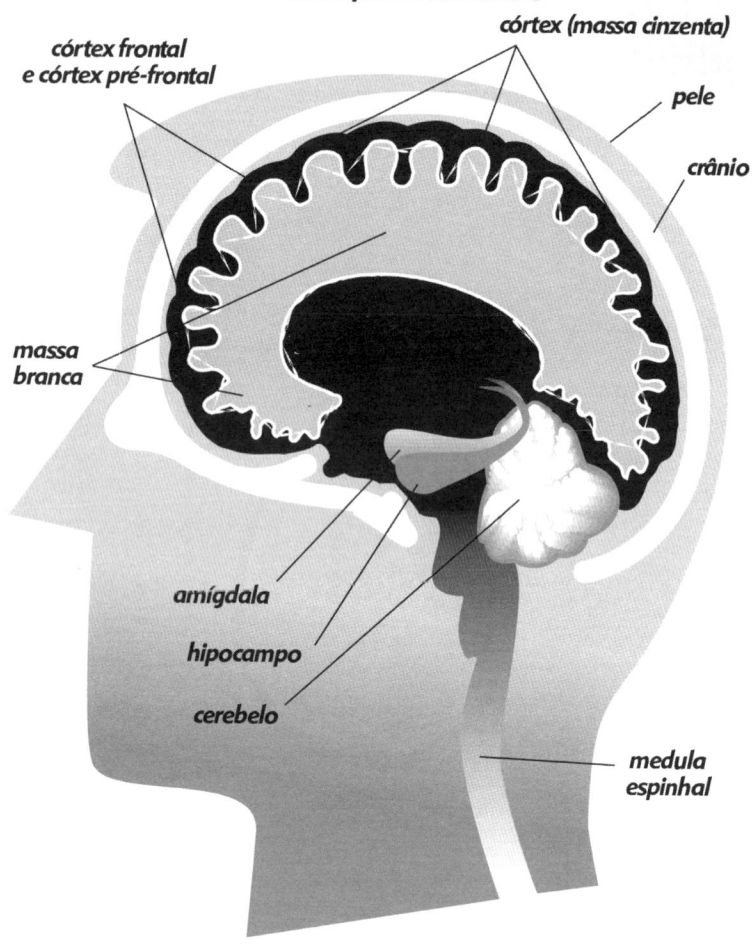

FUNDAMENTO DO CÉREBRO 5: O MITO DOS TRÊS ANOS

Os cientistas *costumavam* acreditar que:

- nascemos já com todos os neurônios que teremos e que nenhum mais cresce — ERRADO
- quase todo o crescimento e desenvolvimento do cérebro ocorre até por volta dos primeiros três anos de vida, e quase nenhum dendrito ou conexão surge depois disso — ERRADO
- depois dos 5 ou 6 anos, os neurônios começam a morrer e nunca mais são substituídos — ERRADO

Isso é conhecido como o "mito dos três anos" — a crença *equivocada* de que todo o desenvolvimento relevante ocorre nos primeiros três anos de idade e que, depois disso, é ladeira abaixo.

Hoje sabemos que o cérebro continua a se desenvolver e inclusive a produzir mais neurônios em idade mais avançada também. Sim, adultos mais velhos são capazes de aprender novas habilidades, fazendo novas conexões entre as células existentes e, às vezes, desenvolvendo novos neurônios. E, o que é importante: sabemos que a **adolescência** é um período de grandes mudanças no volume da massa cinzenta e que algumas partes do cérebro são mais afetadas do que outras.

FUNDAMENTO DO CÉREBRO 6: JANELAS PARA O CÉREBRO

Como, de repente, passamos a saber muito mais sobre o cérebro humano? Nosso conhecimento cada vez maior vem de tecnologias que permitem aos cientistas ver dentro de um cérebro vivo e consciente sem que o portador do órgão corra riscos. Antes, as únicas maneiras de examinar um cérebro humano eram dissecá-lo ou usar técnicas de imagiologia que envolviam coisas como injetar contraste radioativo nas pessoas. Isso significava que os cientistas não tinham a oportunidade de analisar cérebros saudáveis e não podiam fazer exames de imagem repetidas vezes na mesma pessoa, porque as técnicas podiam ser prejudiciais à saúde. Além disso, os métodos antigos não tinham como nos dizer nada sobre o que acontecia no cérebro enquanto uma pessoa fazia determinada coisa.

Tudo isso mudou quando surgiu uma nova técnica: a ressonância magnética funcional (fMRI, na sigla em inglês). Ela permite que os pesquisadores examinem o que acontece no cérebro de uma pessoa enquanto ela executa uma atividade específica. Se você tivesse seu cérebro escaneado por fMRI, veríamos exatamente quais áreas estão sendo usadas durante uma atividade específica. Como a fMRI é inofensiva, os cientistas agora podem analisar, medir e comparar cérebros de adolescentes ativos e saudáveis. Desde o início eles ficaram maravilhados com o que viram e continuam a fazer constatações fascinantes e detalhadas sobre o cérebro dos jovens. O cérebro adolescente é realmente especial.

Uma palavra sobre genes

Na verdade, não vou falar nada sobre genes neste livro. Algumas pessoas podem achar isso um pouco estranho. Afinal, nossos genes (assim como nosso ambiente e as coisas que acontecem conosco) fazem de nós quem somos e têm um papel enorme na formação dos nossos cérebros. Eles são os códigos que herdamos dos nossos pais (e de outros ancestrais mais distantes) e que podem ser encontrados em cada célula do nosso corpo. Eles tornam você diferente de mim e mais parecido com seu irmão ou irmã do que com qualquer outra pessoa no mundo. Mas não são relevantes para este livro, que fala sobre como os cérebros adolescentes, em geral, são como outros cérebros adolescentes e diferentes dos cérebros de pessoas mais velhas ou mais novas. Você também pode culpar seus genes, se quiser — em outras palavras, seus pais. E avós. E uma linhagem inteira de pessoas mortas que você nunca conheceu. Mas isso não é nem de longe tão interessante quanto olhar para dentro da sua própria cabeça.

Uma palavra sobre ciência e médias

Tenha em mente que "típico" ou "médio" não significa "universal". Se eu disser que as pessoas "habitualmente", "geralmente" ou "normalmente" fazem determinada coisa, não estou dizendo que todo mundo faz, nem que uma pessoa específica sempre faça. Os seres humanos são diversificados e singulares.

Quando você se deparar com uma afirmação como "uma criança de 12 anos normalmente é menos proficiente em ler emoções no rosto das pessoas do que um adolescente de 17", lembre-se: isso não significa que todas as crianças de 12 anos sejam menos proficientes do que todos os adolescentes de 17 anos. Isso significa que *a maioria* é.

Não baseio isso na minha opinião pessoal (a menos que eu diga o contrário), mas em pesquisas. Evidências sólidas se fundamentam em muitos milhares de exemplos, de preferência de muitos países, embora nem sempre seja o caso. Os resultados podem estar errados e, por isso, é melhor confiar em mais de um estudo, também. Faço isso sempre que possível.

Coisas mudam. A afirmação "75% das meninas fizeram..." pode ser válida em uma época, mas deixar de sê-lo dez anos depois.

Faço o que posso para ser o mais precisa e factual possível, e procuro usar as palavras com precisão. Então, "geralmente" significa geralmente, não universalmente!

Uma palavra sobre você

Você é um ser humano, um adolescente e um indivíduo. Todas as pessoas atravessam a adolescência e isso provoca determinadas mudanças em seus cérebros, mas a forma como diferentes adolescentes experimentam essas mudanças não é idêntica. Existem muitos comportamentos "habituais" que você pode ou não experimentar. Sua experiência pessoal será afetada por todas as coisas que fazem você ser quem é: seus genes, sua biologia, seu ambiente, tudo o que acontece com você ontem, hoje e amanhã.

Você não vai se identificar especificamente com tudo neste livro, mas, se olhar em volta, para os seus amigos e colegas, acho que estarão todos refletidos aqui, em algum lugar.

CAPÍTULO UM

O cérebro social — celulares, amigos, likes e pressão dos pares

"Eu quero me adequar e me destacar, ser diferente, mas não ser notado"

Conheça Sol. Ele quer ser dedicado, mas as coisas não param de distraí-lo. Ele costumava fazer o dever de casa cedo, mas hoje parece que é o rei da procrastinação. O que há de errado com ele?

Sol corre para o quarto depois do jantar. Ele tem um monte de dever de casa para fazer, incluindo terminar uma redação na qual ele quer muito tirar uma boa nota. Sol sempre foi dedicado, sério, ambicioso. Sua mãe fica contente por ele ficar no quarto todas as noites fazendo o dever de casa — ele está fazendo, não está? —, em vez de estar na rua se metendo em confusão.

Ele está com o celular na mão. Precisa conferir as mensagens antes do dever. Vai se concentrar melhor depois de ler tudo. E responder. Porque você *não pode* deixar de responder a um amigo.

Sol repassa as mensagens com a mão direita enquanto a mão esquerda abre o laptop. Ele responde a todas elas — os emojis agilizam a tarefa, é claro. O processo envolve ficar indo e voltando do Snapchat, do WhatsApp e de uma mensagem de texto da tia (que ele ignora, porque você *pode* ignorar mensagens de adultos), então já se passaram vários minutos.

Ele olha para o laptop, com a intenção de abrir a redação. A Twitch foi a última página em que ele esteve, então já está aberta. Ok, ele só vai conferir quem está transmitindo e se dar uns quinze minutos, quem sabe? Vai colocar um alarme. E pode alternar entre isso e o Snapchat. Ele é um adolescente — acredita que pode realizar várias tarefas ao mesmo tempo, ao contrário de seus pais. O cérebro deles simplesmente não funciona da mesma forma, ele ouviu dizer. Na internet. Ah, e ele precisa olhar o Insta.

Quando olha para o relógio novamente, sente uma pontada de culpa ao perceber que já se passou quase uma hora e que ele ainda nem encostou no dever de casa.

Será que esqueceu de colocar o alarme? Ou simplesmente não ouviu? Ou será que foi porque, quando ele abriu o TikTok — ele mencionou isso? —, encontrou um vídeo genial que a Kyla e uma das amigas dela haviam postado e começou a conversar sobre aquilo?

Sol abre a redação. Finalmente. Fica um pouco impressionado ao ver como havia escrito pouca coisa na véspera. Começa a digitar. Não tem muito tempo agora e prometeu ir para a cama em um horário decente. E ainda tem o dever de matemática também. Droga. Sentindo-se um pouco em pânico, ele tenta desesperadamente fazer seu cérebro se concentrar na redação. Ela pode ser curta, mas ainda ser sensacional, não é?

O celular apita. Ele mantém os olhos fixos na redação. Escreve uma frase. O celular apita de novo. E de novo. E de novo. Tem alguma coisa acontecendo. Ele precisa ver. Sabe que deveria ter colocado o celular no silencioso, mas não o fez, e quando você sabe que recebeu uma notificação, não tem como fingir que não sabe. Existem pelo menos 15 mensagens no Insta de uma meia dúzia de pessoas — seus amigos, Reuben, Andrew, Sara, e mais algumas outras. Ele não clica nas mensagens, mas consegue ver o suficiente das palavras — e o nome do Ed não para de aparecer. Ah, não, por favor! O estômago de Sol se revira. Ele *avisou* ao Ed que não ia se envolver naquilo. E disse para ele não ser tão estúpido. Mas Ed não tem dado ouvidos a ele ultimamente. O coração de Sol está disparado. Ele não consegue acreditar que o Ed faria aquilo. Mas na verdade consegue, sim.

Ed costumava ser um bom amigo até começar a falar de um jeito muito desrespeitoso sobre as meninas. Ed não era o único, e Sol não foi o único a questioná-lo, mas o Ed não parava. Sol tinha ouvido falar de um desafio para tirar uma foto de uma garota de topless e compartilhar na internet. Será que tinha sido isso? Caramba, ele esperava que não fosse. A irmã de Sol está na universidade e contou a ele sobre como é ouvir julgamentos e comentários sexuais o tempo todo. Objetificação — ser tratada como um objeto, e não como um ser humano. Sol não quer fazer parte daquilo.

Sol sabe que não deve clicar nos comentários — então não clica. Mas consegue ver o suficiente: Ed obviamente compartilhou a foto. Sua cabeça começa a rodar. Ele deveria ficar fora daquilo. Ignorar. Ou será que deveria dizer alguma coisa? Falar com alguém? Não, ele precisa se concentrar no dever de casa. E ele tem consciência o bastante para saber que é impossível se concentrar no dever de casa e nessa história toda *ao mesmo tempo.*

Ele coloca o celular com a tela para baixo para que as notificações não fiquem olhando para ele. *Ping. Ping.* Sua mandíbula trava e ele coloca o celular no silencioso. Joga o aparelho debaixo da cama. Volta a atenção para a redação. Escreve mais duas frases. Mas não são boas. Sua mente está fora de controle. Ele pega o celular e abre o TikTok, só para ajudá-lo a pensar em algo leve, divertido. *Depois disso* ele vai fazer o dever.

Mas lá se vão mais trinta minutos, e nenhum trabalho feito. Sol se sente mal.

Existe alguma forma de ele falar com a mãe sobre isso? Não sobre o Ed — ele não saberia nem por onde começar e não é problema dela —, mas sobre como não consegue parar de abrir as redes sociais, mergulhar no buraco negro do TikTok, procrastinar e nunca começar de fato a fazer os deveres? Tem alguma coisa errada com ele? Parece que tem a concentração de uma mosca. Ele se sente viciado, sabe que deveria parar, mas não consegue.

É verdadeiramente assustador. Como se algo tivesse dominado sua mente e ele não tivesse controle sobre as próprias ações. Não é tão difícil assim colocar o celular fora de vista, é? Ou desligá-lo? Basta literalmente um simples toque!

Sua mãe é psicóloga. Ela está sempre falando sobre estratégias positivas de enfrentamento, e sobre como você pode mudar a forma como sua mente funciona.

Sol vai até o andar de baixo. A mãe está no laptop, e a TV está ligada.

"Oi, sumido", diz ela sem tirar os olhos da tela. "Tudo bem?"

"Mãe, preciso de ajuda com uma coisa."

"Claro, querido. Com o quê?" Ela olha para ele, toda ouvidos, com aquele jeito de quem está prestando atenção que ela faz quando alguém precisa de ajuda.

"Eu não estou conseguindo me concen..."

Mas o celular dela apita. Ela olha para o aparelho e o pega em um movimento ágil e delicado.

"Desculpa, querido, deixa eu conferir isso aqui, pode ser importante. É uma coisa de trabalho."

Bem, claro, uma coisa de trabalho. Mais importante do que ouvir o próprio filho? Quem é aquele com um vício de comunicação, um cérebro dependente de conexão social?

Sol se vira e sobe as escadas de volta.

O que está acontecendo nessa cena?

Muita coisa! Você deve ter reparado:
- A compulsão de se comunicar
- Como é fácil usar telas em excesso e se sentir viciado
- O poder de distração e procrastinação das redes sociais
- O problema de se tentar fazer várias tarefas ao mesmo tempo
- Comportamento de grupo — seguir a multidão e sentir a pressão dos outros
- Que isso não afeta apenas adolescentes, mas também adultos

Esses comportamentos se dão pela forma como os cérebros humanos são "programados", e essa programação faz com que seja muito difícil escapar desses comportamentos. Você vai descobrir por que isso *pode* ser um problema maior para os adolescentes, embora também seja um problema para os adultos.

Programados para amar nossas telas?

Nossos cérebros são conectados — programados — para funcionar de determinadas formas, e essa programação mudou muito pouco desde os nossos ancestrais caçadores-coletores, centenas de milhares de anos atrás.

Os cérebros humanos são programados para muitos comportamentos, mas três são particularmente relevantes para o tema das telas e das redes sociais. Estamos programados para ser:

SOCIAIS — Os primeiros humanos viviam de maneira mais segura e bem-sucedidas dentro de um grupo. Eles compartilhavam informações e colaboravam na caça, na construção de abrigos, na criação dos filhos, no cuidado mútuo quando doentes. Até hoje nos beneficiamos dos laços com as pessoas devido ao apoio, à cooperação, à amizade e à diversão. Nossa biologia nos impele a buscar conexões sociais.

CURIOSOS — Os primeiros humanos precisavam ser curiosos sobre formas de fazer ferramentas melhores ou construir abrigos mais seguros e mais aquecidos, precisavam se perguntar se não haveria um lugar melhor para se viver do outro lado daquele rio, ou mais comida além daquelas montanhas. Hoje, a curiosidade nos ajuda a adquirir habilidades e informações.

DISTRAÍDOS — Um humano antigo precisava ser distraído por qualquer movimento brusco que pudesse ser um predador ou um inimigo. Cérebros bem-sucedidos eram cérebros passíveis de distração! Hoje, a distração nos desperta, nos faz perceber problemas ou ameaças, nos mantém alerta.

Nossas telas são perfeitamente projetadas para nos dar oportunidades constantes de sermos sociais, curiosos e distraídos. Fazemos isso o tempo todo!

Nós nos sentimos compelidos a conferir nossos dispositivos "só mais uma vez". São os sistemas de recompensa do nosso cérebro, que dão origem a hábitos incrivelmente difíceis de serem interrompidos. Adoramos nossos dispositivos e não queremos desligá-los porque, a cada vez que os usamos, os sistemas de recompensa do nosso cérebro são ativados, alimentando nossos comportamentos viciantes.

O cérebro adolescente é hipersocial

Humanos de todas as idades precisam de conexão com outras pessoas. Mesmo as pessoas que gostam de ficar sozinhas precisam de amigos. Pense em como você se sentiria se algo muito bom ou muito ruim tivesse acontecido com você e não tivesse a quem contar. A solidão é um fator que afeta demais a saúde mental.

A grande diferença entre os laços com a família e os laços com os amigos é a seguinte: os laços familiares devem ser automáticos, enquanto as amizades devem ser construídas. Claro, alguns laços familiares são fracos e algumas amizades são muito fortes. Mas, em termos ideais, seus pais ou tutores amam você, mesmo que você aja de forma grosseira e se mantenha distante. Amigos são menos tolerantes: nem sempre vão continuar a amá-lo se você estiver sempre sendo grosseiro e tentando afastá-los.

Nessa fase de sua vida, a necessidade de se adequar, de fazer amigos, de construir laços com pessoas da mesma idade, mais do que com os pais, é muito forte. Você tende a se importar mais com o que as pessoas da sua idade pensam do que com o que os seus pais pensam!

E as pessoas quietas?

Quando eu digo que os adolescentes são um grupo fortemente social, não estou dizendo que todos os adolescentes gostam de estar em grupos barulhentos ou ir a festas alucinadas. O que estou dizendo é que a necessidade natural do ser humano de criar laços e conexões pode ser ainda mais forte na sua faixa etária.

Muitas pessoas preferem atividades mais calmas, com uma ou duas pessoas, e gostam e precisam de bastante tempo sozinhas. Chamamos essas pessoas de introvertidas, e suas contrapartes de extrovertidas. Algumas são fortemente uma coisa ou outra.

Você também pode descobrir que às vezes é introvertido, e que em outros momentos é extrovertido. Mas os introvertidos também precisam de conexões e amizades com outras pessoas: eles apenas se cansam mais rápido do barulho e da interação, e com muita frequência formam e se sentem melhor em grupos pequenos, em interações com apenas uma outra pessoa, e precisam de bastante tempo a sós para recarregar as baterias. Não fique achando que tem que fazer parte de uma multidão barulhenta: você pode ter sucesso social de formas mais silenciosas, que despertam o seu melhor.

Pressão dos pares e do grupo — seguindo os colegas mais do que os adultos

Os adultos costumam me perguntar: "Por que meu filho adolescente está mais interessado no que os amigos querem do que o que eu quero, mesmo que o que eu quero seja mais sensato ou melhor para ele?" Minha resposta é: "Porque ele precisa disso." A compulsão de um adolescente em ganhar o respeito de amigos e de potenciais amigos é mais forte do que o desejo de agradar aos próprios pais.

> Lembre-se: você deve poder contar com o amor dos seus pais, mas precisa atuar para formar laços fortes com os amigos.

Os seres humanos têm um forte desejo de se adequar às pessoas ao seu redor. Os adultos também são assim, mas é ainda mais importante para os adolescentes. Eles precisam demais da segurança do grupo.

Sol *conseguiu* evitar se enturmar com o grupo de Ed, e é possível ver duas razões para isso: sua irmã lhe deu alguns toques e Sol tem seu próprio grupo, os outros adolescentes que não aprovam o comportamento de Ed. Se não tivesse, poderia ser mais difícil.

O medo de "ficar por fora"
Imagine que você chega à escola e todo mundo está falando sobre alguma coisa que aconteceu na noite anterior. Você se sente excluído porque perdeu a novidade. É esse medo de ficar por fora que te leva a conferir o celular em vez de fazer o dever de casa. E também é isso que faz com que seja difícil desligar o aparelho ou colocá-lo no modo silencioso, como Sol descobriu.

Qualquer um pode achar que é difícil, mas é do córtex pré-frontal que precisamos para resistir à tentação, e o seu muitas vezes não está à altura da tarefa — porque, como já sabemos, ele ainda não está completamente desenvolvido. E, para você, é ainda mais importante se enturmar do que para os adultos. Portanto, são dois problemas: um córtex pré-frontal mais fraco e uma tendência mais forte a seguir suas emoções.

> Saber que você tem uma mensagem não respondida reduz sua capacidade de executar uma tarefa.[5]

Constrangimento social e autoimagem
A professora Sarah-Jayne Blakemore, uma renomada neurocientista especializada em cérebros sociais adolescentes,[6] escreveu sobre estes temas, e o trabalho dela ajuda a confirmar o que os adultos costumam observar: que adolescentes são mais sensíveis ao constrangimento e às opiniões dos colegas do que outras faixas etárias. Foi constatado que a atividade cerebral é mais

forte e se dá em áreas ligeiramente diferentes quando se pede a adolescentes que imaginem uma situação socialmente constrangedora, em comparação à atividade cerebral de um adulto.

Eu me lembro com clareza de alguns incidentes embaraçosos de quando era adolescente, coisas das quais eu simplesmente daria risada se acontecessem hoje. E, em ambos os casos, tinha a ver com o que as outras pessoas iam pensar de mim. Ainda me importo muito com o que pensam de mim, mas o sentimento de vergonha era muito mais intenso quando eu era mais nova.

Filtros
Se você está insatisfeito com a sua aparência ou tem a sensação de que as pessoas estão te julgando por alguma coisa, é tentador usar filtros para alterar sua imagem nas redes sociais. Isso pode parecer inofensivo, e às vezes é. Mas se você sempre usar filtros para mudar sua fisionomia, como vai se sentir ao se ver sem isso? Esse hábito pode provocar baixa autoestima e criar um foco excessivo nas coisas de que você talvez não goste em sua aparência.

Mais uma vez: embora muitas vezes os adultos também se sintam constrangidos e possam ter uma autoimagem corporal ruim, os adolescentes sentem isso com mais intensidade. Você está mudando muito rápido e é extremamente importante se adequar. O cérebro social e a necessidade que ele tem de fazer parte do grupo — qualquer que seja o grupo — são muito poderosos.

**Compartilhamento em excesso
e crueldade online**
O "efeito da desinibição online" é uma expressão cunhada por John Suler para descrever o fato de que pessoas de todas as ida-

des são menos cuidadosas na internet do que em uma conversa cara a cara ou por telefone. Disparamos mensagens instantâneas ou comentários sem pensar nas consequências. A maioria de nós não é cruel, mas é mais fácil fazer um comentário insensível ou impensado quando você não está vendo as consequências. É muito fácil escapar impune da trolagem e do cyberbullying.

Além disso, existe a questão do compartilhamento de fotos ou vídeos. No início deste capítulo, Ed compartilhou uma foto de uma garota sem camisa. Não sabemos como isso aconteceu, mas podemos ter certeza de que ela não queria nem esperava que a imagem fosse compartilhada. As redes sociais fazem com que qualquer coisa seja vista por mais pessoas, muitas vezes saindo do nosso controle. Ed cometeu um erro muito grave — na verdade, um crime —, porque, no calor do momento, para ele foi muito fácil fazer aquilo e não pensar nas consequências.

Por que podemos cometer erros desse tipo com frequência? E por que algumas pessoas decentes podem ser imprudentes, e pessoas cruéis podem ser ainda piores na internet? Os cientistas têm várias teorias, mas existem dois fatores que são mais relevantes para você e seu cérebro.

O CÓRTEX PRÉ-FRONTAL, DE NOVO — Como é do córtex pré-frontal que precisamos para resistir a esses impulsos e refletir antes de tomar decisões, e o seu ainda não está completamente desenvolvido, você pode cometer erros mais do que os adultos (mas os adultos também fazem essas coisas!).

O CÉREBRO SOCIAL, DE NOVO — Fazer amigos e conexões envolve compartilhar informações sobre nós mesmos e nos expor. Somos programados para compartilhar — e, às vezes, compartilhar até demais. É muito fácil enviar informações ou uma foto com um clique. É mais difícil resistir à tentação. Queremos nos integrar aos outros; é assim que somos programados, e os adolescentes mais do que ninguém.

> Você pode tomar boas decisões: só precisa se esforçar mais do que os adultos em geral. E, quando consegue permitir que seu córtex pré-frontal assuma o controle e faça a coisa certa, também merece ainda mais elogios do que um adulto! Embora eu não ache que você vai conseguir colocar isso em prática com muita frequência...

Concentração versus distração

Nossas telas são fabulosamente projetadas para nos distrair. Todas aquelas oportunidades de fazer o que somos programados para fazer, e que adoramos: sermos sociais, curiosos e distraídos. Todos os links e imagens em movimento, vídeos, conhecimento, notificações, mensagens de amigos.

É difícil se concentrar no trabalho. Geralmente, é muito mais divertido — e mais fácil — clicar em mais um jogo, uma imagem ou mensagem. E, quando uma coisa é mais fácil, é mais provável que a façamos, no lugar de trabalhar no mais difícil.

Muitas pessoas — inclusive eu — cometem o erro de ter vários dispositivos, janelas ou aplicativos abertos ao mesmo tempo. Ficamos passeando de uma tarefa para outra. A escritora Linda Stone cunhou o termo "atenção parcial contínua" para descrever isso.

Pode ser que isso não tenha importância se a tarefa for simples — responder a um e-mail ou confirmar uma informação. Mas, se for difícil ou não parecer interessante, não seremos capazes de fazê-la tão bem se estivermos passeando. Você viu como foi difícil para o Sol. Ele sabia que deveria desligar o celular, mas não o fez até que fosse tarde demais.

Estamos tentando ser multitarefa. Quer sejamos adultos ou adolescentes, isso não funciona![7]

> **FATOS SOBRE ATENÇÃO E SER MULTITAREFA**
>
> - Não existe nenhuma evidência de que a capacidade de atenção humana esteja diminuindo, embora às vezes você leia afirmações enganosas dizendo isso. É impossível medir quanto tempo as pessoas conseguem se concentrar em uma coisa, pois isso depende muito da situação, do estado de espírito e do alvo dessa atenção.[8] Aposto que você consegue se concentrar por muito tempo em um jogo que adora!
>
> - Talvez você achasse que ia se acostumar com toda essa distração e se tornaria mais fácil fugir dela, mas as evidências mostram que as pessoas que passam mais tempo tentando fazer várias tarefas ao mesmo tempo se distraem mais, não menos.[9]
>
> - Ter um celular à vista reduz a qualidade no desempenho de uma tarefa — mesmo que ele não apite![10]
>
> - Adivinha de que área do cérebro você precisa para dedicar sua atenção ao trabalho, em vez de se divertir nas redes sociais? Sim, seu córtex pré-frontal!

O problema em ser multitarefa

Você já tentou ouvir duas conversas ao mesmo tempo? A audição exige muita dedicação ou atenção cerebral e não sobra o suficiente para processar outra conversa ao mesmo tempo. Ler, escrever, fazer cálculos, resolver um problema, fazer o dever de casa, aprender fatos — todas essas tarefas exigem bastante atenção. Quando estamos fazendo uma delas, não temos muita capacidade cerebral de sobra, portanto precisamos ser cuidadosos com o que fazemos com ela.

Os adolescentes não são melhores do que os adultos em ser multitarefa, e as mulheres não são melhores do que os homens, apesar do estereótipo e do que Sol achava! Quase todo mundo se sai melhor em uma tarefa de alto grau de concentração ao se concentrar adequadamente nela e afastar as distrações.

O problema é que, muitas vezes, temos dois dispositivos ou aplicativos abertos ao mesmo tempo. Sol estava fazendo isso e sua mãe também, que estava com o laptop e a TV ligados. Devemos fazer um favor a nós mesmos e nos concentrar em nosso trabalho de verdade. Seja "unitarefa" quando você precisar de bons resultados!

> Embora se concentrar em uma única coisa seja uma boa ideia, ouvir música pode ajudar na concentração. Isso acontece porque a música bloqueia outras distrações, como ruídos ou preocupações. Mas precisa ser uma música que você conheça bem, que tenha escolhido pessoalmente e que não esteja muito alta. Recomendo fazer uma playlist com a mesma duração que você planeja dedicar à tarefa.

Por que o cérebro adolescente é hipersocial?

Aqui estão algumas explicações para o alto grau de socialização do cérebro adolescente. Quando você acrescenta a isso o fato de que o seu córtex pré-frontal não é capaz de tomar boas decisões nem de controlar tentações e impulsos com facilidade, é possível ver por que tem mais desculpas do que os adultos para, às vezes, usar seus fantásticos dispositivos além da conta ou de forma equivocada.

TEORIA 1 — A DESPEDIDA DA PROTEÇÃO DOS ADULTOS

A adolescência é uma jornada; o destino é a independência; e o caminho inclui a separação, a ruptura da dependência dos adultos cujo trabalho era proteger você nos seus primeiros anos de vida.

Se todo ser humano precisa de conexão, e se você está naturalmente afastando-se de alguns familiares, então novas conexões precisam ser feitas para substituí-los. Logo, o fato de você estar afrouxando esses laços familiares explica por que é extremamente importante construir novas amizades, e por que o cérebro adolescente é "hipersocial". Você pode ser do tipo que não gosta de eventos como festas e grupos barulhentos, mas ainda assim precisa de conexões e amigos.

TEORIA 2 — A TEMPESTADE PERFEITA DA MUDANÇA

Tudo está mudando para você durante a adolescência: corpo, hormônios, cérebro, trabalhos escolares, preocupações, responsabilidades e amigos. Mudanças podem ser interessantes e positivas, mas também estressantes, preocupantes e geradoras de ansiedade. Isso pode provocar uma necessidade extra da segurança das amizades. As redes sociais são uma oportunidade para isso — você não quer ficar por fora e quer se encaixar, porque isso ajuda a se sentir em segurança e com apoio.

TEORIA 3 — O NATIVO DIGITAL
Esse termo sugere que as pessoas nascidas no início dos anos 2000 nasceram, por alguma razão, com um cérebro diferente, capaz de gerenciar melhor as telas, mas isso é obviamente um absurdo! O cérebro de um recém-nascido hoje não é diferente do de um de recém-nascido de quinhentos anos atrás. Mas uma coisa diferente é que você cresceu cercado de telas. Se tem 13 anos, passou mais tempo diante de telas do que eu nos meus primeiros 13 anos de vida, mas também passou menos tempo do que eu lendo livros e montando cabaninhas muito boas. Vale ressaltar que uso computadores desde o início dos anos 1990, e que tenho um celular há 20 anos, o que é mais tempo do que você! Faço algumas coisas diferentes nos meus dispositivos, mas somos igualmente competentes com eles — você vai me vencer em algumas coisas, e eu vou ganhar em outras (embora não seja uma competição!).

Mas você nunca viveu sem telas e dispositivos móveis. *Talvez* isso te torne mais propenso a se esquecer de que essas coisas são simples ferramentas, não uma extensão dos nossos braços. Portanto, pode ser mais difícil para você ver sentido em deixá-los de lado de vez em quando. Além disso, uma *proporção* maior da sua vida (perto de 100%) se passou usando dispositivos digitais em comparação à minha (talvez 40%, mesmo que sejam mais anos do que você), então seus hábitos podem estar mais arraigados. Mas todos nós podemos aprender a reprogramá-los. Eu reprogramei meu cérebro depois de adulta para poder usar computadores, e você pode reprogramar o seu, enquanto adolescente, para usar essas ferramentas de forma mais saudável — se quiser.

Existem algumas evidências[11] de que os adolescentes se concentram menos do que as pessoas da minha idade. Isso faz sentido, porque precisamos do córtex pré-frontal para proteger a atenção das distrações. Mas acredito que todos nós podemos nos concentrar muito bem nas coisas que nos interessam, e não tão bem quando estamos sob estresse.

Como ter um cérebro social saudável

Eis algumas formas de fazer seu cérebro hipersocial funcionar bem e afastar os problemas que Sol estava tendo no início deste capítulo. (Mostre-as a todos os adultos que você vir se comportando como a mãe dele também...)

- Pratique o autocuidado. Se ficar na internet está fazendo você se sentir mal, se afaste e vá fazer outra coisa. Passe algum tempo com alguém na vida real ou leia um livro, assista a um filme, dê um passeio. Existe um mundo inteiro lá fora e você não precisa experimentá-lo apenas através de uma tela!
- Facilite as coisas. Se você estivesse tentando comer menos doce, deixaria uma barra de chocolate bem na sua frente? Não, você a colocaria onde fosse impossível de ver e difícil de pegar. Faça o mesmo com seu celular ou o que quer que esteja tentando usar menos. Se estiver fora de vista, vai ser mais difícil de pensar nisso.
- Dedique-se a uma só tarefa quando algo for importante e merecer toda a sua atenção. Guarde os outros dispositivos e feche os aplicativos que não estiver usando. Experimente a alegria da

concentração total em uma só tarefa por algum tempo. Veja seu desempenho melhorar e sua autoestima aumentar!
- Não se compare com padrões corporais falsos. Tente se lembrar de que quase tudo na internet é retocado ou, no mínimo, cuidadosamente selecionado. As pessoas escondem as partes de que não gostam.
- Pense antes de enviar uma mensagem; espere até que as emoções se acalmem. Enviar mensagens com muita rapidez e quando se está chateado, irritado, confuso ou exausto é uma má ideia. Conte cinco — respirações, minutos, horas ou dias, o que for necessário para tomar a melhor decisão.
- Não magoe as pessoas — nem a si mesmo.

Por fim, separe um tempo para as coisas boas da vida. Existem cinco atividades extremamente importantes que muitas pessoas estão fazendo menos quando comparado a antes da existência dos smartphones. Todas são essenciais para um estilo de vida saudável. São:

- Dormir
- Praticar exercício ao ar livre
- Conversar pessoalmente
- Ter passatempos offline
- Refletir e sonhar

> Quando as pessoas me perguntam qual é a quantidade certa de tempo de tela, minha resposta é: não existe uma resposta científica para isso. Basta dedicar o tempo *necessário* a essas cinco atividades, além do seu trabalho, e seu tempo de tela não será um problema.

Recursos extras

Tenho dois livros que vão te ajudar a aprender ainda mais sobre esses tópicos: *The Teenage Guide to Life Online* (pontos positivos e negativos honestos sobre telas e redes sociais) e *The Teenage Guide to Friends* (para insights mais profundos sobre as personalidades e as atitudes das pessoas ao seu redor — e sobre as suas também!).

The Organized Mind, de Daniel Levitin, é bastante útil para entender a distração e a capacidade de atenção do cérebro.

FAÇA O TESTE

Você está viciado em telas?

"Vício" é o uso compulsivo e persistente de algo, mesmo quando o usuário sabe que aquilo é danoso. "Persistente" significa que não começou recentemente, mas sim que já dura algum tempo. "Compulsivo" significa que você se sente compelido a usar ou fazer aquela coisa: no fundo não quer parar, ou então está tentando parar, mas tem a sensação de que não consegue.

Eis um teste simples para ver se o seu uso do smartphone indica que talvez você esteja um pouco viciado. Quando digo "online", me refiro a qualquer coisa que faça em seu celular ou dispositivo com acesso à internet, seja na internet, em sites de redes sociais ou quando troca mensagens com seus amigos. Vá em frente, se tiver coragem! Leia as afirmações a seguir e marque A, B ou C, de acordo com a frequência com que você faz cada uma delas.

A = Nunca ou raramente
B = Às vezes
C = Regularmente

1. Com que frequência você fica online por mais tempo do que pretendia?
2. Com que frequência você faz o dever de casa às pressas porque passou muito tempo na internet ou porque quer fazer isso?
3. Com que frequência você confere suas mensagens antes de qualquer outra coisa que seja necessária?
4. Com que frequência você se irrita quando alguém atrapalha enquanto está online?
5. Com que frequência você tenta, mas não consegue reduzir a quantidade de tempo que passa na internet?
6. Com que frequência você se sente para baixo, triste, tenso ou mal-humorado quando não está online, e esse sentimento desaparece assim que você fica online?
7. Com que frequência você gostaria de passar menos tempo online porque se sente culpado pelo tempo de uso?
8. Com que frequência passa tanto tempo na internet que acaba indo dormir muito tarde?
9. Com que frequência tenta esconder ou encobrir há quanto tempo está online ou finge que está fazendo algo útil quando não está?
10. Com que frequência você se atrasou, quase se atrasou ou perdeu algum compromisso porque passou muito tempo online?

Quantos Bs ou Cs você marcou? Conte 1 ponto para cada B e 2 para cada C. Como este não é um teste cientificamente válido, não posso dizer qual pontuação definitivamente mostra tendências aditivas, mas estimo que um total de 5 a 10 pontos significa que você deva rever seus hábitos e usar as estratégias e informações deste livro para retomar o controle. Qualquer pontuação acima de 10 pode indicar que você tem uma robusta coleção de maus hábitos que precisam de algum freio. E, sem dúvida, todas as perguntas nas quais você marcou um C devem acender o alerta sobre hábitos potencialmente nocivos.

Ah, e agora peça aos adultos à sua volta para fazerem esse teste...

CAPÍTULO DOIS

Emoções poderosas

"Eu te odeio! — ah, e por falar nisso, me dá um dinheiro?"

Conheça Matt. E a mãe dele. Existe uma guerra emocional em curso. E nenhum deles sabe por quê.

Os pais de Matt estão preocupados. Ele costumava ser um aluno exemplar, mas recentemente suas notas despencaram. Fica mal-humorado, passa muito tempo no quarto fazendo sabe-se lá o que no celular e escuta músicas terríveis com letras pessimistas, depressivas e esquisitas para caramba. Sempre que alguém tenta interagir com ele, Matt reage com irritação. "Será que ele está usando alguma coisa?", os pais se perguntam com frequência.

De qualquer forma, sim, eles estão preocupados com o filho. Só querem que ele seja feliz. E se sinta seguro. E que seja gentil com eles. E bem-sucedido. E um aluno nota 10. E consiga um ótimo emprego. E marque mais gols do que qualquer outro jogador no campeonato de futebol interescolar quando todos estiverem assistindo. Sim, os pais estão preocupados com o Matt. Mas só porque se importam com ele. O mundo lá fora não é fácil, e como ele vai se sair se grita com os pais? Será que vai gritar com seus chefes também? Vai ser um desastre completo? Isso já é o bastante para levar uma mãe à beira do colapso.

Então, esta noite, a mãe dele decidiu bater um papo com Matt. Apenas uma conversa tranquila, sobre nada em particular. Uma chance de reforçar a conexão entre mãe e filho. Ela vai entrar no quarto e perguntar como foi o dia dele. Sem pressão.

Ela bate à porta. Sem resposta. Mais uma vez, mais alto. Sem resposta. Então ela gira a maçaneta, ao mesmo tempo em que chama o nome dele. O quarto está bastante escuro. Há um cheiro de incenso. Mas ela vai deixar isso de lado. É um cheiro muito bom, na verdade. Relaxante. Embora não haja limpeza a seco que seja capaz de tirar esse cheiro das cortinas. E ela mesma fez aquelas cortinas, costurou até os dedos sangrarem, para deixar a casa bonita, e o Matt se importa? Ela sente uma irritação que provoca um arrepio e ranger de dentes, mas procura afastá-la.

"Matt", ela chama. Ele está deitado na cama, de olhos fechados, com os fones de ouvido, tamborilando no colchão. Seu dever de casa está aberto sobre a mesa. Olhando em meio à escuridão, ela lê o título: "Até que ponto o destino de Macbeth estava sob seu controle?" Ele escreveu duas linhas até agora: "Na peça *Macbeth*, de William Shakespeare, Macbeth sofre um destino bastante trágico. Tudo foi culpa das bruxas, porque elas nunca deveriam ter dito o que disseram." Espremidos na margem da folha estão alguns rabiscos e, quando ela olha de perto, vê que são dezenas de cobras entrelaçadas.

Ela coloca o incenso aceso em um local mais seguro e, sem querer, chuta uma lata de refrigerante que estava no chão. Matt abre os olhos.

"Mãe! O que você está fazendo aqui? Esse quarto é meu! Sai daqui! Tá?"

"Sim, desculpa, Matt. Eu bati na porta."

"Bom, então bate mais alto da próxima vez."

"Só queria saber como foi seu dia. Você quer alguma coisa? Posso trazer um chá ou algo assim. É uma boa ideia tomar um chá na hora do dever de casa. É relaxante e estimulante ao mesmo tempo."

"Tá, mas eu não estou fazendo o dever de casa, estou?"

"Você não acha que deveria terminar essa redação?", pergunta ela, apontando para a folha quase vazia.

Matt arranca os fones de ouvido e, com um esforço exagerado, se levanta. Ele é quinze centímetros mais alto que a mãe, e olhar para ela com superioridade é uma sensação ótima.

"Olha, cai fora, mãe. Eu só preciso entregar daqui a muito tempo."

"Quando?"

"Tipo, daqui a dias. Não sei, sexta-feira, sei lá."

"Você nem sabe?"

"Sim, está anotado. Tudo sob controle. Eu não sou idiota, sabe."

"Bem, tá certo, mas que tal fazer algum outro dever de casa, então? Deve ter alguma coisa que precisa ser feita para amanhã. É uma boa ideia tentar adiantar as coisas, Matt. Você não tem prova de francês toda semana? Eu posso estudar com você ou algo assim. É muito mais fácil aprender quando alguém estuda com a gente." Ela pega um livro de uma pilha no chão.

É quase possível ver a tensão atravessar o corpo de Matt. Dá para ver a raiva em seus músculos contraídos e em sua cara amarrada.

"Larga isso, mãe. Me deixa em paz! Eu vou estudar sozinho. Você não sabe nada de francês, de qualquer jeito."

"Bem, se você *vai* estudar isso sozinho, tudo bem, Matt. Mas vai mesmo? É isso que eu quero saber!"

"Ah, pronto, então agora você não confia em mim?"

"Bem, eu quero confiar. Mas como posso fazer isso depois da semana passada, quando encontrei aquela mensagem da sra. Legless no seu caderno dizendo que você não tinha feito o dever de casa?"

"Foi uma vez só!"

"E na semana anterior? O sr. Golightly?"

"Isso foi porque você me fez arrumar a ***** da casa!"

"Não, Matt. Você tem suas tarefas para fazer no fim de semana e sabe que o combinado é que, se não fizer, vai ter de fazer durante a semana."

"É não é justo. Não conheço ninguém que passe por isso. Por que a porcaria da casa precisa estar tão arrumada o tempo todo? Você é o quê? Maníaca por limpeza? Até os meus amigos acham nossa casa estranha de tão limpa que é. Existe tratamento médico para pessoas como você — eu estava lendo sobre isso outro dia. Existe até um nome para isso. É um transtorno mental. Você deveria ir ao médico."

"Já chega, Matt!", grita sua mãe. "Não fala assim comigo!"

Uma voz irritada grita do primeiro andar. O pai de Matt.

"O que está acontecendo com vocês dois? Parem de berrar, pelo amor de Deus! Não consigo nem ouvir meus pensamentos."

Matt olha para a mãe com ar triunfante. Ela está com raiva, traída, furiosa. E tudo começou com ela se oferecendo para ajudar.

Ela pega algumas meias sujas e vai embora.

Matt bate a porta.

"Não bata a porta!", grita ela.

"Me deixa em paz!", grita ele de volta.

Cinco minutos depois, Matt desce as escadas

"Tenho uma festa para ir no sábado. Não sei direito onde. Posso pegar dinheiro para cortar o cabelo? Por favor, mãe."

O que está acontecendo no cérebro de Matt?

Por que um menino que antes era sensato e feliz, que estava se saindo muito bem, dedicado, educado com os pais, de repente se transforma em alguém cuja raiva explode como um vulcão ao menor indício de intromissão? Por que as brigas que surgem do nada? E por que Matt se sente péssimo por dentro, sempre com aquele grito de "Isso não é justo!" entalado na garganta?

Os especialistas costumavam dizer "São só os **hormônios**" ou "É apenas um desejo natural de se libertar dos pais e seguir em direção à independência". Ambas as afirmações são parcialmente verdadeiras. Mas pesquisas mostram uma coisa muito especial acontecendo no cérebro adolescente.[12] Algo que o faz funcionar de maneira diferente — que até mesmo o faz parecer diferente por dentro, comparado ao cérebro de uma criança ou de um adulto. Antes de prosseguir na leitura, tenha duas coisas em mente: primeiro, nem todos os adolescentes passam por essa fase emocional difícil. Segundo, os adolescentes não são as únicas pessoas que podem ser irracionais e emotivas, voláteis, briguentas e mal-humoradas. Já olhou para os adultos ao seu redor? Qual é a justificativa deles para a rabugice e o mau humor? Eles provavelmente diriam que VOCÊ é a justificativa. Hmm... Os seres humanos são criaturas emotivas, e todos nós podemos achar difícil controlar ou entender nossos sentimentos. Mas os adolescentes costumam achar ainda mais complicado.

Antigamente, acreditávamos que os humanos eram os únicos a passar pela adolescência, mas quando os cientistas observaram outros mamíferos, como ratos e macacos, encontraram mudanças semelhantes no cérebro e no comportamento. Talvez os ratos também se sintam na fossa.

E quanto a Matt e seus disparates? O que isso tem a ver com nossas novas descobertas sobre mudanças no cérebro durante a adolescência? Os cientistas são cautelosos ao tirar conclusões. Eles dizem: "Nós vemos essas mudanças no cérebro e vemos essas mudanças no comportamento: *talvez* elas estejam relacionadas, mas não sabemos exatamente como." Eles estão certos em ser cautelosos — cientistas devem ser assim mesmo —, mas vamos analisar o que foi visto, porque é fascinante. E *com isso* todos os cientistas concordam.

Primeiro, vemos um grande aumento de massa cinzenta no córtex pré-frontal — a parte do cérebro mais relacionada ao pensamento, ao raciocínio, à lógica e à tomada de decisão. É como uma árvore que cresce repentinamente e desenvolve galhos na primavera. Esse aumento ocorre principalmente por volta da **puberdade**, geralmente entre os 10 e os 12 anos. O pico de crescimento da massa cinzenta ocorre por volta dos 11 anos em meninas e aos 12 em meninos. Inclusive, um número gigantesco de conexões ou sinapses surgem nesse estágio (o que também acontece no cérebro de um bebê). Elas precisarão ser cortadas ou "podadas", o que acontece a seguir.

Após o enorme crescimento que ocorre pouco antes e no início da puberdade, há um período durante a adolescência em que os galhos são cortados ou podados. É como se as conexões de que o cérebro não precisa simplesmente desaparecessem. Os cientistas acham que essa etapa é mais importante do que o crescimento em si, como podar uma árvore para deixar menos galhos, porém mais grossos e fortes. Aos 16 ou 17 anos, você tem o volume de sinapses de um adulto — mas, quando tinha 1 ou 2 anos, tinha o dobro.

Durante o estágio de poda, você perde uma quantidade significativa de massa cinzenta do córtex.[13] Então, no final da adolescência e início da idade adulta, o cérebro dedica algum tempo a fortalecer as ramificações que sobraram, revestindo os axônios para que fiquem mais fortes. Esse estágio de fortalecimento é chamado de mielinização. Há mais detalhes sobre isso no Capítulo Sete.

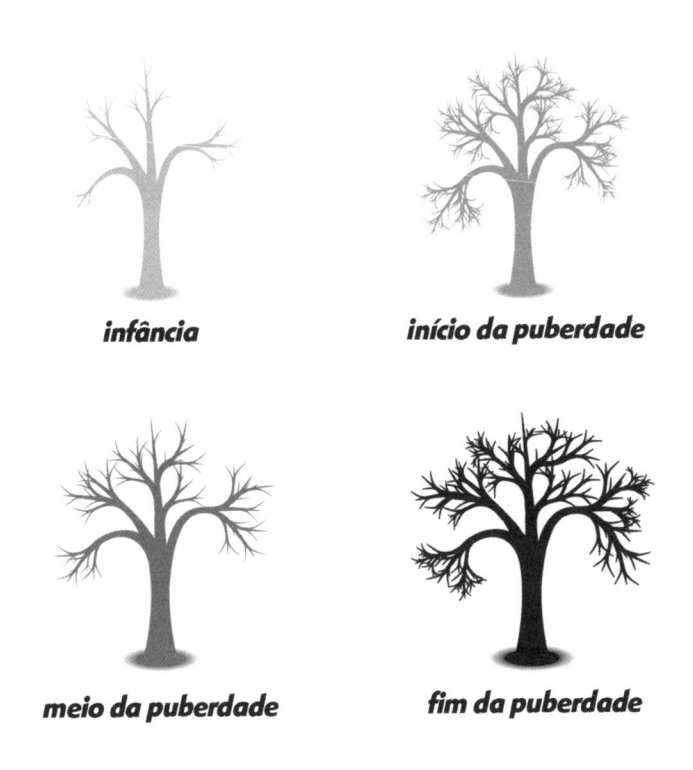

infância

início da puberdade

meio da puberdade

fim da puberdade

A adolescência é um período de grandes e surpreendentes mudanças físicas no cérebro. É como se muitas partes diferentes estivessem sendo remodeladas para funcionar nos modos mais complexos necessários para a vida adulta. E, durante esse momento de reviravolta e mudança, há várias coisas que os adolescentes podem achar mais complicadas do que os adultos. Ao mesmo tempo, os adolescentes estão sob enorme pressão, o que torna as emoções mais poderosas e, às vezes, arrebatadoras.

Corroborando essa teoria, outra coisa muito interessante sobre o cérebro de Matt foi descoberta.

Os cientistas descobriram que os adolescentes (principalmente os mais jovens) geralmente são menos capazes do que os adolescentes mais velhos e os adultos de julgar o que uma pessoa pode estar sentindo com base nas expressões faciais. A professora Sarah-Jayne Blakemore, do University College London, fez um trabalho recente sobre as habilidades de empatia de adolescentes, mas a diferença foi medida pela primeira vez em um experimento realizado nos Estados Unidos[14] no qual os pesquisadores mostraram a alguns adolescentes e adultos a foto de uma mulher expressando medo extremo. Os pesquisadores pediram a cada participante que dissesse o que a mulher estava sentindo. Nesse experimento específico, todos os adultos acertaram, e um grande número de adolescentes errou. (Às vezes, os adultos erram — eles não são perfeitos, e alguns são menos proficientes nessa habilidade do que outros, mas parece que os adolescentes têm uma desvantagem.)

Surpreendentemente, quando os pesquisadores examinaram o cérebro dos participantes, descobriram que a maioria dos adolescentes estava usando diferentes áreas do cérebro ao observar a foto.

Nos adultos, a região do cérebro que apresentava atividade era principalmente o córtex pré-frontal — aquela área sensata que diz para você não mandar sua mãe te deixar em paz se quiser que ela lhe dê algum dinheiro.

Quando adolescentes como Matt olhavam para a foto, a parte do cérebro que parecia estar trabalhando demais era a **amígdala**. Esta é uma pequena região ligada à reação instintiva, à emoção crua. A amígdala é uma área do cérebro que já está bem desenvolvida em um bebê — ela funciona por instinto, não por lógica. Não é uma parte pensante em nenhum sentido.

A dra. Deborah Yurgelun-Todd, a pesquisadora que descobriu esse interessante comportamento, sugere que isso *pode* significar que os adolescentes têm dificuldade em ler as expressões dos adultos ao seu redor — podem achar que um adulto está demonstrando raiva quando se trata de ansiedade e preocupação, ou repulsa quando é simplesmente surpresa. Ela descobriu que os meninos também são um pouco piores do que as meninas nisso, e parecem usar a amígdala, a parte emocional, com maior intensidade. Desde então, muitos outros estudos foram realizados sobre a capacidade das pessoas de identificar emoções nos outros. Nem todos os resultados mostraram a mesma diferença, mas há boas evidências de que crianças de 11 e 12 anos são mais lentas do que adolescentes mais velhos, e que a capacidade de ler emoções melhora durante a adolescência. Também existem evidências de que os adolescentes parecem enfrentar emoções negativas, como raiva ou medo, com mais frequência.[15]

Contudo, não podemos dizer: "Observamos isso no cérebro, *logo*, os adolescentes estão reagindo emocionalmente no lugar de usarem a lógica." Não é tão fácil assim entender um cérebro. O que podemos dizer é: "Os adolescentes erram, e parecem estar usando uma área diferente do cérebro *quando* o fazem."

Mas isso nos faz pensar. A forma como o cérebro de Matt está programado afeta a forma como ele interpreta a expressão e o tom de voz da mãe? Será que está interpretando mal os sinais dela? Será que não consegue entender que, na verdade, ela quer o melhor para ele, está preocupada, quer ajudá-lo? Sim, ela é absurdamente irritante, mas será que o cérebro adolescente de Matt torna impossível entender e fazer o que ele sabe que deve, que é terminar o dever de casa antes do prazo? É por isso que ele não consegue ver nada além de sua reação instintiva de fúria, um sentimento de invasão, uma necessidade de gritar "me deixa em paz"?

Há outra explicação possível: como a adolescência tem a ver com a despedida da proteção dos adultos e com tornar-se mais consciente de si, você pode se sentir mais ansioso em relação ao que as outras pessoas estão pensando e mais preocupado que alguém esteja com raiva de você. Isso pode deixá-lo mais alerta a sinais de raiva ou de hostilidade.

> **Alguns psicólogos classificaram as emoções de diferentes maneiras, alguns dizendo que existem seis emoções básicas (medo, raiva, alegria, repulsa, tristeza, surpresa), outros encontraram 27 categorias, e houve os que as separassem em até 412 emoções distintas que podemos sentir e que expressamos em nossos rostos. Se você quiser ver o quão bom você é em identificar o que alguém está sentindo, faça o teste no final deste capítulo.**

Lembre-se de que pais também podem ser emotivos, raivosos, ilógicos, irritantes, irracionais, descontrolados. E se arrepender depois, se forem legais. Não seria interessante ver uma ressonância magnética do que acontece no cérebro de um adulto durante as discussões com filhos adolescentes?

Uma possível teoria sobre o que está acontecendo no cérebro de Matt é a seguinte: o cérebro do início da adolescência está mudando de estrutura. Ele primeiro aumenta em termos de densidade e número de conexões, muito mais do que o necessário, principalmente no córtex pré-frontal. Em seguida, faz uma grande poda, perdendo conexões em algumas áreas e se reestruturando de maneiras que ainda não entendemos. E Matt ainda não atingiu o estágio final de fortalecimento, a mielinização.

O comportamento de Matt pode ser afetado por toda essa mudança, e talvez seja por isso que ele sinta emoções tão intensas. Pessoalmente, não consigo ver como seria possível ele *não* ser afetado. Afinal, é o nosso cérebro que nos faz sentir as coisas que sentimos.

Além disso tudo, Matt provavelmente está sob estresse, porque há coisas demais acontecendo em sua vida — amizades, pressão na escola, provas, medos em relação ao futuro —, e o estresse nos torna mais rabugentos e mal-humorados. Some isso ao que se passa no cérebro dele, e temos a receita perfeita para a volatilidade.

Outras diferenças emocionais no cérebro

Estudos recentes identificaram outras diferenças entre os cérebros de adolescentes e de adultos quando estes pensam em situações emocionais. Por exemplo, pesquisas[16] mostraram adolescentes e adultos usando diferentes áreas do cérebro ao pensar em situações sociais constrangedoras. Curiosamente, alguns estudos[17] mostram atividade *mais intensa* em áreas do córtex pré-frontal de adolescentes em comparação a adultos para determinadas atividades. Portanto, não é verdade que seu córtex pré-frontal seja preguiçoso: ele simplesmente funciona de forma diferente, e pode produzir resultados diferentes, demandando mais esforço para tentar tomar boas decisões.

Hormônios

E os hormônios? Hormônios são as substâncias químicas nas quais, há gerações, os adultos têm colocado a culpa por todas as mudanças de humor na adolescência. Bem, os hormônios sem dúvida ainda são os responsáveis. Sabemos muito bem que eles afetam diretamente o humor e, portanto, o comportamento, e sabemos muito bem que os hormônios sexuais masculinos e femininos estão em disparada pelo corpo dos adolescentes, transformando-os de crianças a adultos em poucos anos. Hoje os cientistas acreditam que os hormônios também podem mudar a estrutura física do seu cérebro.[18]

Mas o que controla os hormônios? O próprio cérebro. Não sabemos ao certo o que desencadeia a puberdade, mas sem dúvida é algo no cérebro que diz a esses hormônios para começarem a atuar. Hormônios e mudanças no cérebro estão interligados de uma forma complexa, mas o que é certo é que ambos são particularmente importantes durante a adolescência.

Abordaremos mais os efeitos dos hormônios no Capítulo Cinco.

Por que a adolescência existe? E por que ela é tão mais extensa nos humanos do que em outros animais?

Hoje sabemos que alguns outros mamíferos também têm um período de adolescência, incluindo macacos, ratos e camundongos. O estudo feito com macacos nos Estados Unidos[19] foi um dos primeiros de um grande corpo de pesquisa a demonstrar que os neurônios e as sinapses são podados durante a adolescência, como ocorre nos humanos. Os outros mamíferos estudados passam pela adolescência com muito mais rapidez do que os humanos. Um macaco-rhesus do sexo feminino passa da puberdade à idade adulta entre os 18 e os 48 meses de idade — e exibe muitas características similares, incluindo os padrões de sono, a propensão ao risco e uma grande quantidade de tempo socializando com outros macacos adolescentes.[20] Talvez eles até mesmo façam o equivalente dos macacos a xingar os pais.

Mas a sociedade em que você está também faz diferença. Naquelas em que os adolescentes precisam começar a trabalhar, eles podem se tornar independentes mais cedo do que os adolescentes criados em ambientes mais protegidos. Na primeira edição de *A culpa é do meu cérebro!*, de 2005, os cientistas sugeriram 23 anos como a idade final média do desenvolvimento do cérebro adolescente; hoje esse momento é situado mais tarde, aos vinte e muitos. Tendo em mente que a maioria das imagens cerebrais é feita em adolescentes de países mais ricos, será que esses países estão alargando o período de desenvolvimento do cérebro adolescente? É possível. Em caso positivo, isso seria bom ou ruim? O que você acha?

Eis algumas hipóteses sobre os motivos pelos quais os humanos precisam de uma adolescência relativamente mais longa, e por que muitas vezes ela é essa montanha-russa emocional. Não são ideias isoladas, mas sim intimamente interligadas. Por exemplo, a evolução é responsável por nossa composição biológica, e nossa biologia, por sua vez, dá origem à forma como nos comportamos enquanto sociedade. Portanto, não encare essas teorias como dissociadas, apenas como diferentes formas de organizar as ideias.

TEORIA 1 — É A EVOLUÇÃO

Um biólogo evolutivo sempre analisa questões como esta dizendo: "Isso deve ter dado alguma vantagem aos primeiros humanos. O que pode ter sido?" No caso da adolescência, pode ser porque a sociedade humana primitiva era muito mais complexa do que outras sociedades animais, então precisávamos de mais tempo para aprender as habilidades necessárias.

TEORIA 2 — É CULTURAL

Há adultos que dizem: "Nossa, na minha época era diferente. Na minha época, não *podíamos* sentir tal coisa. A gente simplesmente obedecia. Os adolescentes de hoje em dia se comportam assim porque não há mais regras. Se os adultos fossem mais durões e os adolescentes nunca mais assistissem à televisão, não haveria nenhum comportamento adolescente sobre o qual falar." Eu diria que essas pessoas estão em negação. O gênio grego Aristóteles já falava sobre o comportamento dos jovens, e isso foi há quase 2.500 anos. Shakespeare se refere pejorativamente a pessoas entre 10 e 23 anos. E o sociólogo G. S. Hall falou sobre um período de "tempestade e estresse" em 1905. Não é nenhuma novidade, portanto, que a adolescência seja vista como período turbulento da vida.

TEORIA 3 — É A NECESSIDADE DE INDEPENDÊNCIA

Todos os mamíferos precisam deixar seus pais e se estabelecer por conta própria em algum momento. Mas os adultos humanos geralmente proporcionam uma existência confortável enquanto podem. Se os adolescentes não desenvolvessem um alto grau de desrespeito e irritação com seus pais ou com quem cuida deles, talvez jamais quisessem ir embora. Portanto, se afastar um pouco dos adultos que cuidam de você provavelmente é uma parte necessária do processo de amadurecimento. Mais tarde, depois que você tiver partido, poderá voltar a ter uma relação mais próxima com eles, porque não vai mais precisar lutar para se afastar. E pode voltar de vez em quando para almoçar e até levar alguma roupa suja para lavar, se souber mexer uns pauzinhos.

A necessidade de separação também pode explicar por que os adolescentes se preocupam muito mais com o que seus amigos pensam do que com o que seus pais pensam. Pesquisas recentes e em andamento mostram que, na proximidade de amigos, os adolescentes usam diferentes regiões do cérebro e, às vezes, até tomam decisões diferentes.[21] Amigos são essenciais — porque amigos são o que precisamos quando saímos de casa. Falei mais sobre isso no Capítulo Um. Os seres humanos dependem da sociabilidade. Faz sentido cultivar amigos. Inclusive, esse impulso para a independência é talvez o que há de mais importante na adolescência. Se você pensar bem, praticamente tudo gira em torno disso. E é o que os seus pais e todos os adultos que se preocupam com você querem, no fim das contas. O que talvez não percebam é que, para você ser independente aos 22 anos, talvez precise começar se revoltar contra as suas amarras desde os 14.

TEORIA 4 — O CÉREBRO É ASSIM MESMO

Poderíamos simplesmente dizer que não é nenhuma surpresa que o cérebro não consiga funcionar de forma inteiramente eficaz porque há muitas mudanças em curso. A adolescência é um efeito colateral infeliz de toda essa mudança, e só.

Qual teoria você acha mais interessante? Evolução? Cultura? A luta pela independência? Ou todas elas?

Quartos — um espelho do cérebro adolescente

Na primeira edição de *A culpa é do meu cérebro!*, subestimei a bagunça nos quartos dos adolescentes. Eu não achava, de fato, que era algo importante ou interessante. Não é da minha conta, pensei. No entanto, cheguei à conclusão de que talvez seja algo interessante, sim. (A propósito, sei que muitos adolescentes não têm quartos bagunçados, mas, convenhamos, não é a maioria...) Eis o que eu penso:

- Os adolescentes geralmente têm quartos muitos pequenos e muitas coisas para colocar neles. Você também tem que fazer um número absurdo de coisas no seu quarto, então não é surpresa nenhuma que o lugar vire uma espelunca.

- Você tem coisas muito mais importantes e estressantes com que se preocupar na sua vida do que arrumar o quarto.

- Provavelmente muitos de vocês gostariam que seu quarto estivesse arrumado, mas o trabalho de arrumá-lo costuma ser maior do que a vontade de mantê-lo assim. Uma varinha mágica seria bom.

◦ Um quarto desarrumado é resultado de dezenas de pequenas decisões: "Guardar agora ou largar e aqui para guardar depois." A primeira opção é chata e pouco atraente, dando a você uma tarefa desagradável imediatamente (e você em geral se concentra mais no presente, valendo-se do seu poderoso lado emocional). A segunda opção é mais fácil, em especial porque a parte "guardar depois" soa imaginária, não vale a pena pensar nela, porque não tem nada a ver com a atração emocional do presente. O córtex pré-frontal é a área do cérebro de que você precisa para a decisão precavida de guardar as coisas agora para evitar uma bagunça no futuro. E ela ainda não está inteiramente desenvolvida.

◦ Pode ser uma ótima maneira de irritar os pais.

◦ É um assunto bastante seguro de se debater — melhor do que cigarro, bebida, sexo, dever de casa ou qualquer outra coisa que deixa os pais preocupados.

Então, pode ser que o seu quarto bagunçado (se for o caso) seja um espelho da sua mente: emotivo, caótico, rebelde, estressado e focado no presente. Ou talvez você no fundo não esteja nem aí.

O que você pode fazer sobre a adolescência?

Talvez você ache que não há o que fazer a respeito, exceto dormir por alguns anos e acordar quando tudo acabar. Mas, na verdade, existem muitas coisas que podem ser feitas — não para evitar a adolescência, mas para lidar com ela e encará-la de outra forma.

- Aproveite. Comemore. Por que ter uma postura negativa? Reações emocionais são coisas boas. Inclusive, é possível dizer que, sem emoções, seríamos muito malsucedidos enquanto humanos, porque não seríamos capazes de tomar nenhuma decisão. A lógica por si só não basta. Richard Cytowic, em *The Man Who Tasted Shapes*, fala sobre um fato maravilhoso do reino animal: a equidna tem um **córtex frontal** extraordinariamente grande, proporcionalmente muito maior que o dos humanos.[22] Deve estar bem colocada no ranking da genialidade. Mas, como você deve ter notado, as equidnas não conquistaram o mundo; tampouco chegaram à Lua nem inventaram câmeras tão pequenas que são capazes de viajar por um vaso sanguíneo. Então, o que deu errado? Por que elas são aparentemente tão inteligentes, mas na prática não conseguem realizar qualquer outra atividade além de comer formigas? Bem, curiosamente, elas têm um **sistema límbico** muito fraco — a região que é mais importante para as emoções. Aparentemente, elas também não sonham. Nem mesmo sobre formigas. As equidnas, talvez, não sejam emotivas o suficiente. É uma hipótese interessante. A emoção pode ser muito importante para prosperarmos. Para ser justa, essa criatura tem algumas outras desvantagens, como só conseguir lidar com uma temperatura em torno dos 25°C. Os humanos tiram proveito do fato de serem extremamente adaptáveis e capazes de alterar o ambiente para que este se adeque a eles.
- Peça aos adultos que fazem parte da sua vida para ler este livro — eles logo vão entender o que está acontecendo. Vão ter empatia e se tornar mais compreensivos. Ou, pensando

bem, não deixe os adultos lerem este livro, senão eles vão começar a ser muito presunçosos e farão comentários como: "Deixa pra lá, não se pode esperar que você tome uma decisão sensata porque seu cérebro adolescente está no meio do processo de perder todos os galhos. Eu faço as regras até você terminar de crescer."

- Entenda o que está acontecendo. Aceite que essa é uma etapa necessária (e passageira). O que quer que uma pessoa diga ou que você imagine que ela pensa não significa que você é terrível.

- Tente tratar a si mesmo e ao seu cérebro com gentileza e respeito. O estresse é parte comum da adolescência — o hormônio do estresse, o **cortisol**, é ativado inúmeras vezes em um dia normal. Um pouco de estresse é até benéfico, porque nos faz agir, nos torna capazes de ter um bom desempenho, mas em excesso não é legal.

- Lembre-se: embora seja útil e reconfortante saber que tudo isso é "natural", nosso cérebro se desenvolve e melhora com o *esforço*. Portanto (e peço desculpas por dizer o que você não quer ouvir!), quanto mais você *tentar* fazer seu cérebro se comportar da maneira que deseja, mais rápido ele vai obedecer. Por falar nisso, o mesmo se aplica aos adultos. Então, você tem minha permissão para lembrar aos seus pais, da próxima vez em que fizerem algo errado, que talvez *eles* precisem se esforçar um pouco mais. Não me culpe se isso não funcionar, no entanto. E, por favor, não faça isso com seus professores.

- Como aprendemos, em parte por imitação, os adultos à sua volta precisam dar bons exemplos. Não deixe que eles se esqueçam disso.

FATOS INCRÍVEIS SOBRE O SEU MARAVILHOSO CÉREBRO ADOLESCENTE

o Aos 6 anos, o cérebro tem 95% do tamanho que terá quando adulto, mas, durante a adolescência, o córtex frontal aumenta e depois diminui consideravelmente em termos de espessura. Isso se dá principalmente graças ao aumento no número de dendritos e de sinapses, e aos axônios mais espessos. O estágio de poda é importante para seu bom funcionamento.

o Ter mais neurônios nem sempre é sinônimo de um cérebro melhor. Por exemplo, em uma condição chamada síndrome do X frágil, o problema é o excesso de neurônios. Um bom cérebro é bem podado e estruturado, com suas vias trabalhando juntas de forma eficaz.

o A lacuna de uma sinapse é muito pequena: 200.000 avos de milímetro. Aproximadamente.

o O córtex frontal compõe 29% do cérebro humano, mas apenas 3,5% nos gatos — o que explica em parte por que somos mais inteligentes (embora não se esqueça do detalhe sobre a equidna) de inúmeras maneiras, como empatia, lógica, previsão e solução de problemas.

Veja o que pode acontecer quando um adulto sofre uma lesão no córtex pré-frontal:

o perda de algumas habilidades sociais — arruma brigas, reage com exagero

o tendência a fazer comentários inapropriados

o dificuldade em entender a moral de uma história

o perda da capacidade de planejamento ou de descobrir qual será a consequência de uma ação — o que faz com que corra mais riscos

Quais dessas consequências parecem afetar a maioria dos adolescentes? Alguma afeta você? Talvez possa culpar seu cérebro e aquele córtex pré-frontal não totalmente desenvolvido. Mas são aspectos em que os adolescentes melhoram, e nossas habilidades se aprimoram com mais rapidez quando praticamos. A mensagem é positiva!

FAÇA O TESTE

Você consegue ler as emoções no rosto dos outros?

Olhe para esta foto dos olhos de uma pessoa. No entorno da imagem, você verá quatro opções.

Escolha a opção que você acredita que melhor descreve o que a pessoa na foto está pensando ou sentindo. Analise com cuidado. Em seguida, faça o mesmo com todas as outras imagens. Algumas são mais difíceis do que outras — não se preocupe. O importante é escolher uma opção para cada imagem, portanto, caso você não consiga se decidir, apenas dê o melhor palpite que puder.

Treino

enciumado   **assustado**

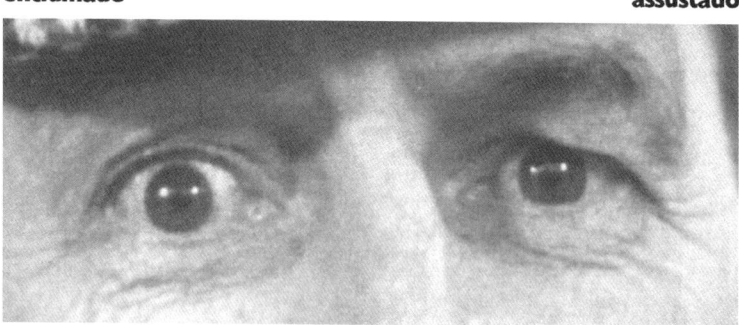

relaxado   **com raiva**

RESPOSTA: assustado

1

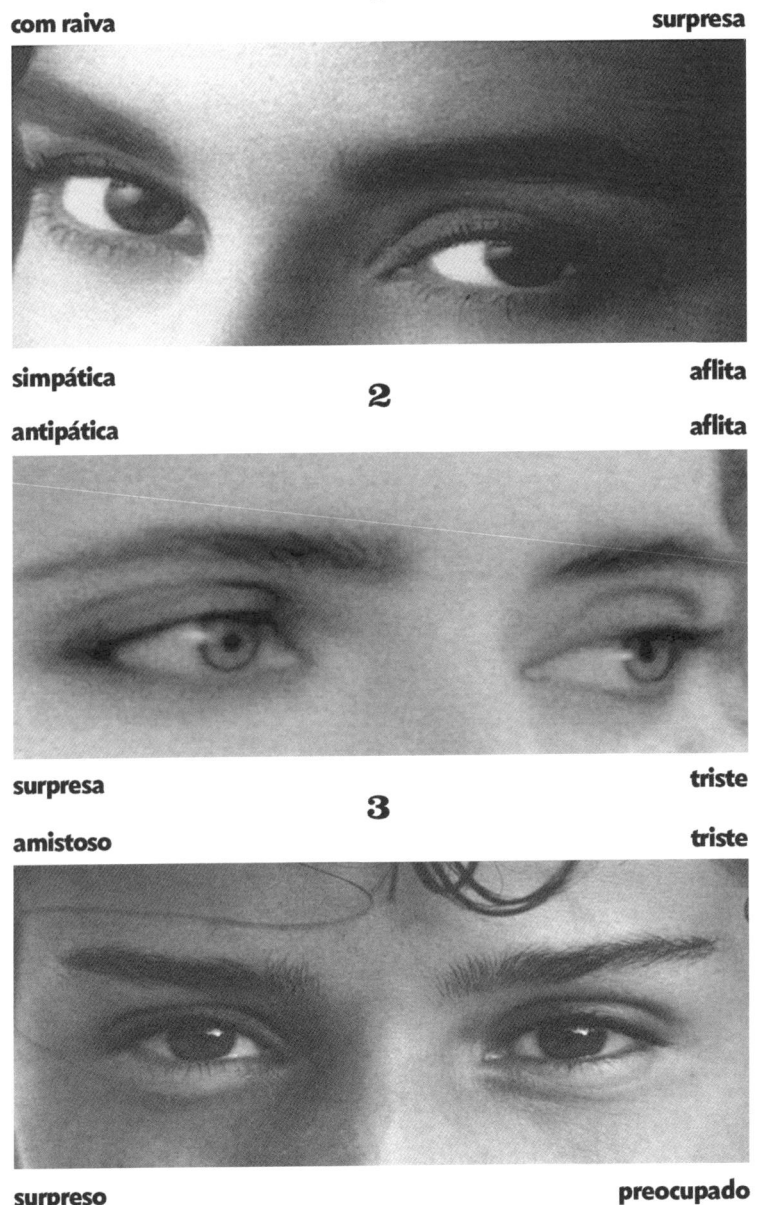

com raiva — surpresa

simpática — aflita
2
antipática — aflita

surpresa — triste
3
amistoso — triste

surpreso — preocupado

4

relaxado · chateado

surpreso · animado

5

arrependido · manipulador

brincalhão · relaxado

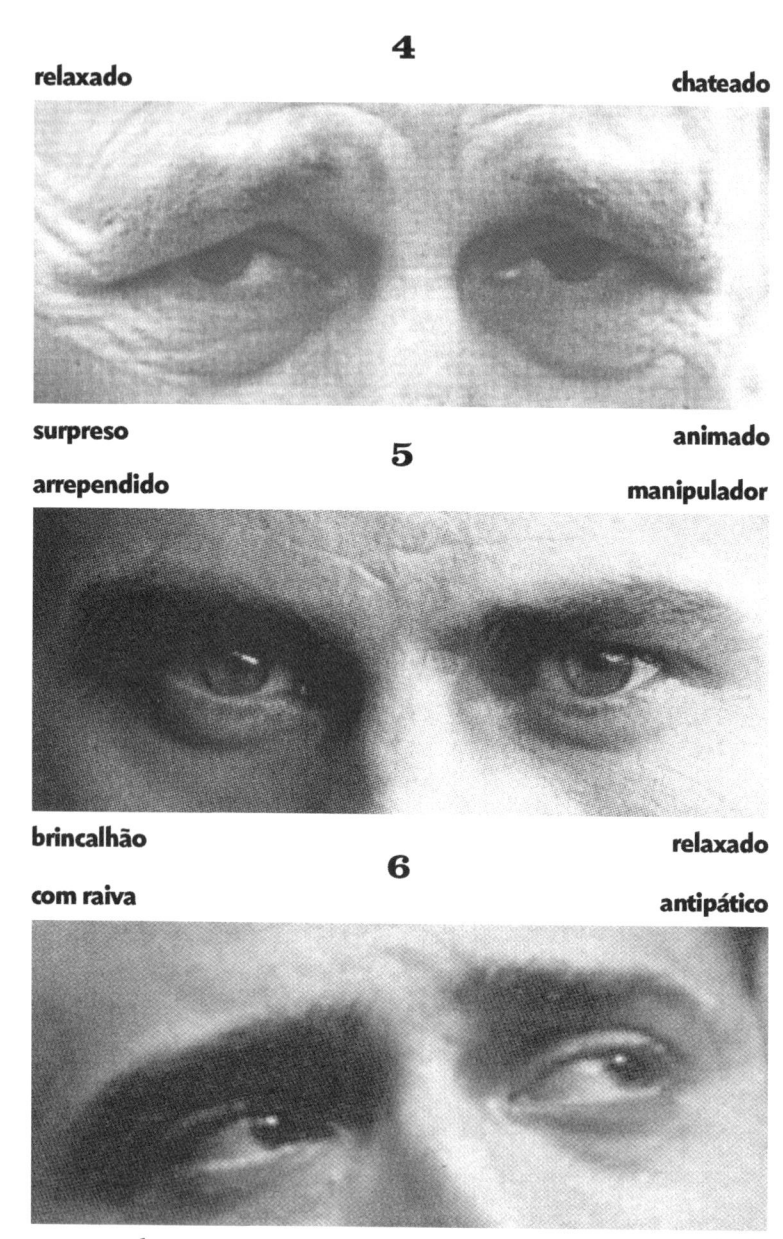

6

com raiva · antipático

preocupado · entediado

7

arrependido · entediado

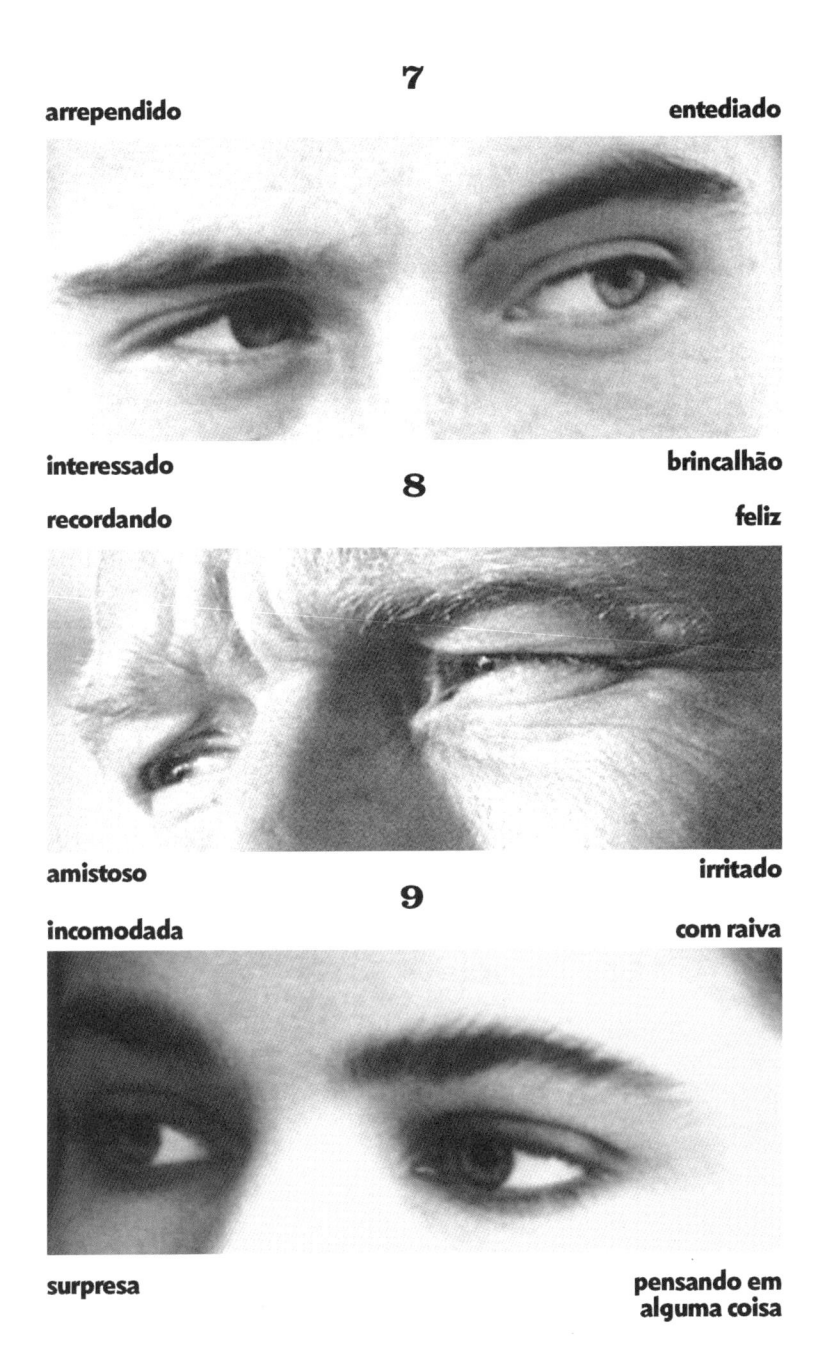

interessado · **8** · brincalhão
recordando · feliz

amistoso · **9** · irritado
incomodada · com raiva

surpresa · pensando em alguma coisa

10

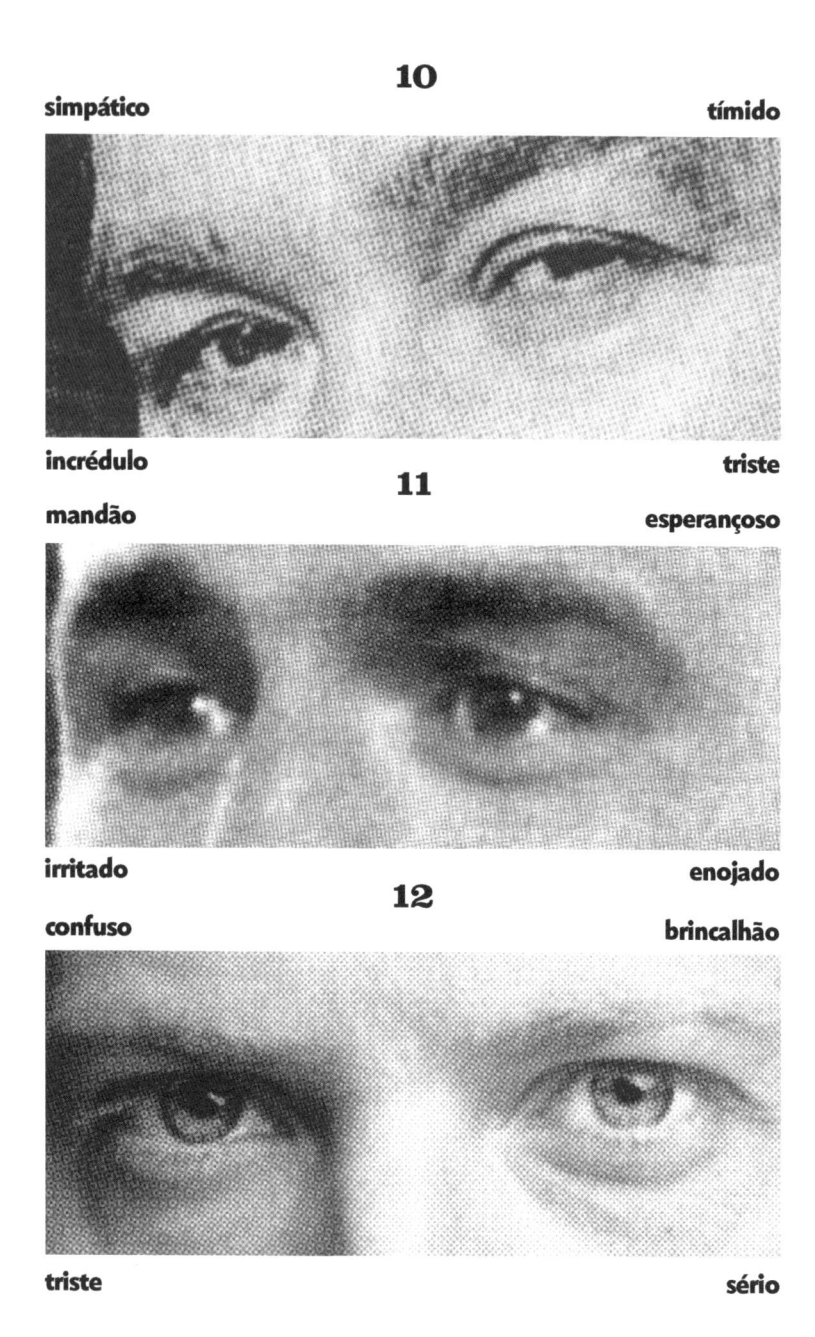

simpático — tímido

incrédulo — triste

11

mandão — esperançoso

irritado — enojado

12

confuso — brincalhão

triste — sério

13

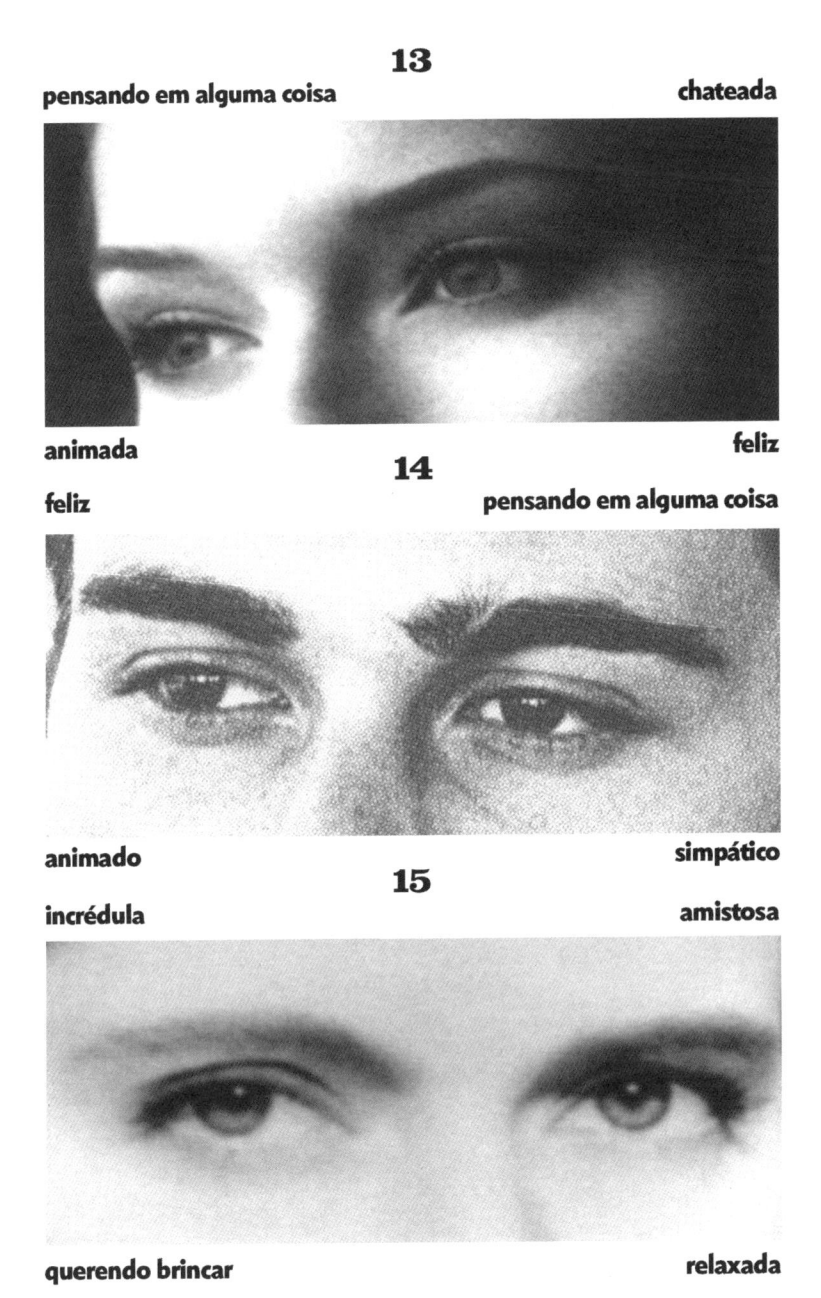

pensando em alguma coisa — chateada

animada — feliz

14

feliz — pensando em alguma coisa

animado — simpático

15

incrédula — amistosa

querendo brincar — relaxada

16

decidida — brincalhona

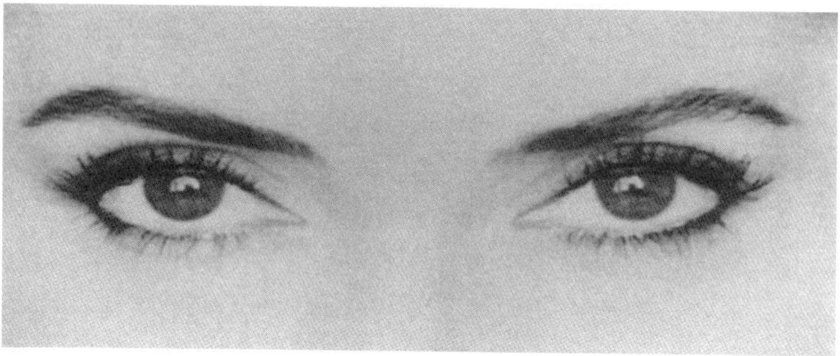

surpresa — entediada

17

irritada — amistosa

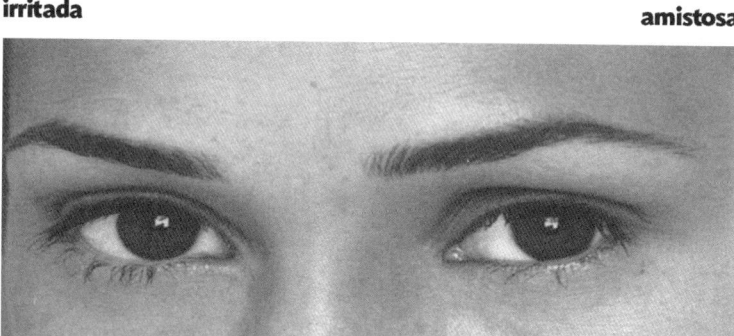

antipática pensando em alguma coisa triste — um pouco preocupada

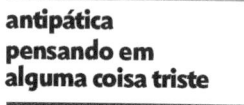

18

— irritado

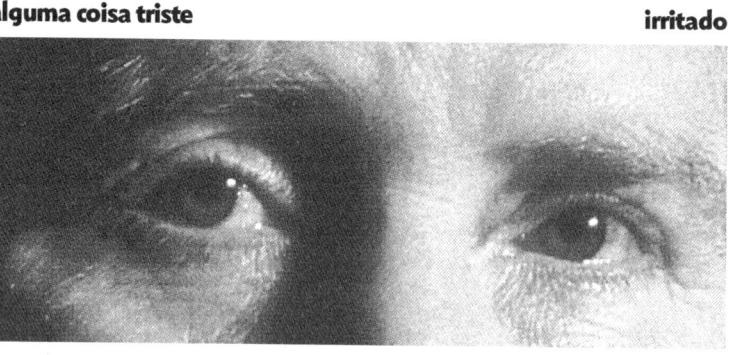

mandão — amistoso

19

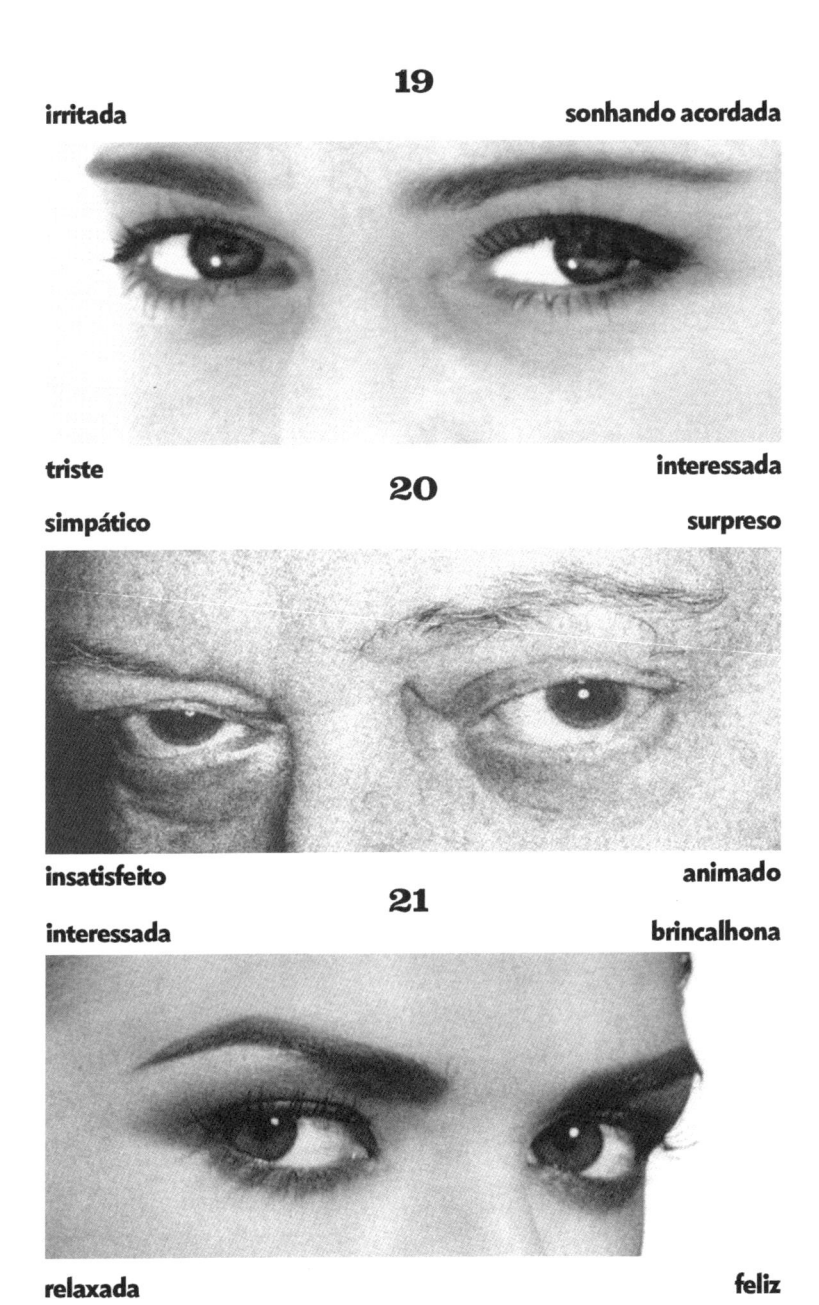

irritada   sonhando acordada

triste   interessada
20
simpático   surpreso

insatisfeito   animado
21
interessada   brincalhona

relaxada   feliz

22

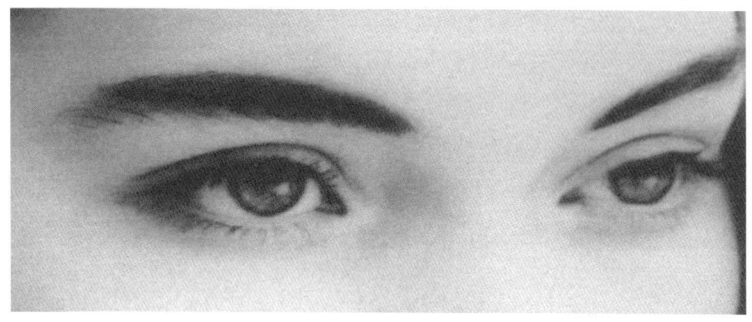

bem-humorada — simpática

23

surpresa — pensando em alguma coisa
surpresa — certa de alguma coisa

brincalhona — feliz

24

sério — envergonhado

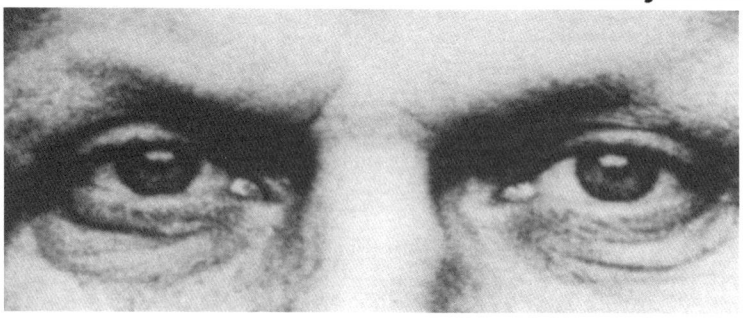

confuso — surpreso

25

tímido — culpado

sonhando acordado — preocupado

26

brincalhona — relaxada

nervosa — arrependida

27

envergonhado — animado

incrédulo — satisfeito

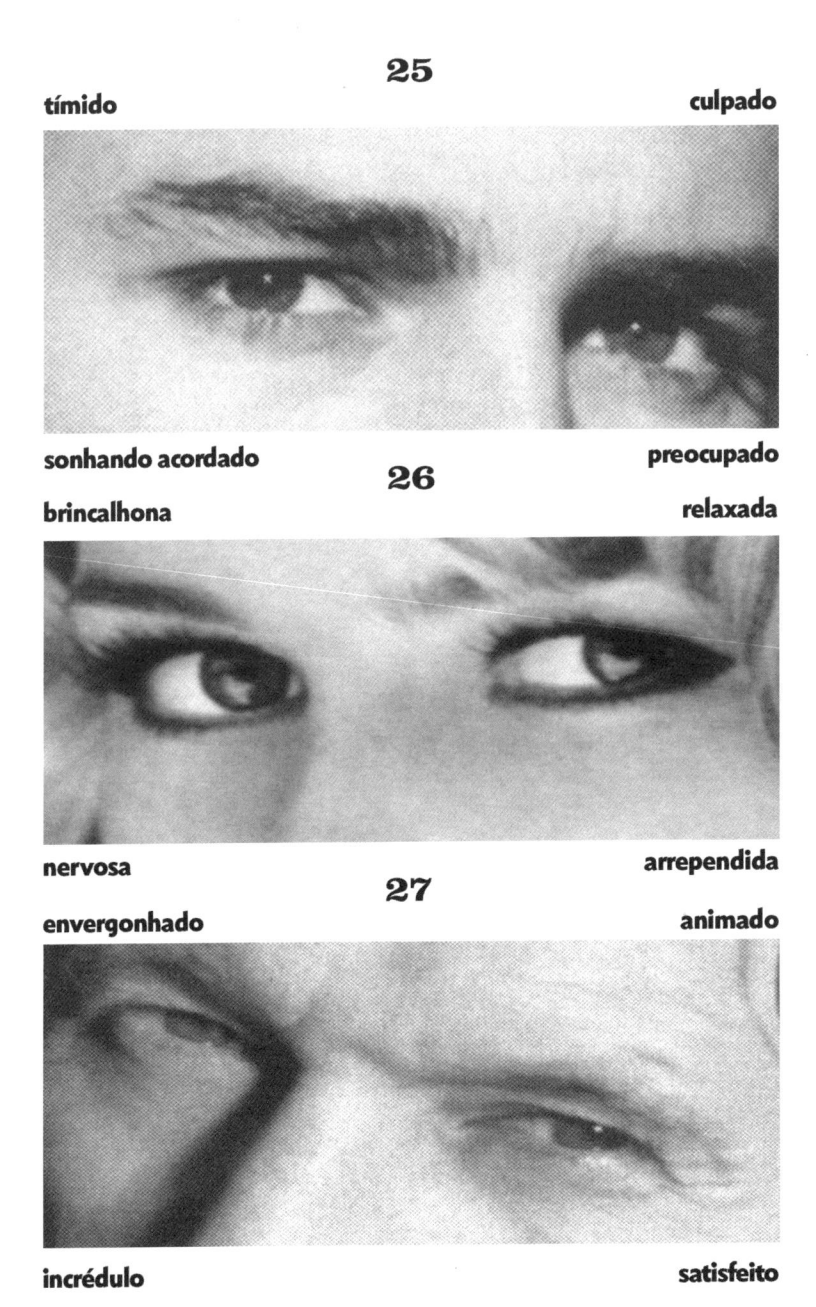

28

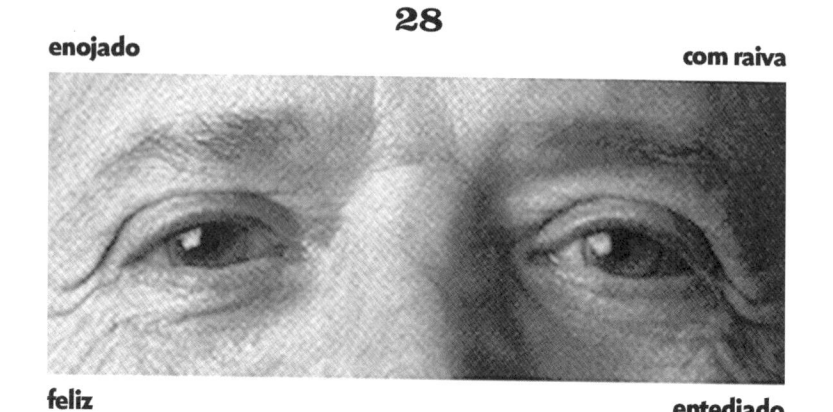

enojado   **com raiva**

feliz   **entediado**

Agora vamos ver quantas você acertou.

RESPOSTAS

1	simpática
2	triste
3	amistoso
4	chateado
5	manipulador
6	preocupado
7	interessado
8	lembrando alguma coisa
9	pensando em alguma coisa
10	incrédulo
11	esperançoso
12	sério
13	pensando em alguma coisa
14	pensando em alguma coisa
15	incrédula
16	decidida
17	um pouco preocupada
18	pensando em alguma coisa triste
19	interessada
20	insatisfeito
21	interessada
22	pensando em alguma coisa
23	certa de alguma coisa
24	sério
25	preocupado
26	nervosa
27	incrédulo
28	feliz

QUANTOS PONTOS VOCÊ FEZ?
Este teste foi desenvolvido para crianças de até 12 anos. A pontuação média entre crianças de 10 a 12 anos está entre 18 e 23, e é normalmente mais alta entre adolescentes mais velhos.

Há também uma versão para adultos. (Entre no site do Autism Research Centre da Universidade de Cambridge e procure por "Eye Test".) Você pode se perguntar por que isso faz parte da pesquisa sobre autismo. Pessoas com autismo — ou transtorno do espectro autista — geralmente acham mais difícil ler emoções.

Existem muitas diferenças entre a capacidade individual neste teste, incluindo evidências de que os homens tendem a marcar menos pontos do que as mulheres, em média.

Todos nós podemos melhorar as habilidades de empatia ao observar, ouvir o que as pessoas estão dizendo, prestar atenção à linguagem corporal e ler livros sobre outras pessoas.

Agradecimento: este teste se chama "Lendo a mente através dos olhos", versão para crianças. Foi publicado pela primeira vez no *Journal of Developmental and Learning Disorders* (2001) em um artigo de Simon Baron-Cohen e outros, e foi reproduzido aqui com a gentil permissão de Simon Baron-Cohen, do Autism Research Centre da Universidade de Cambridge.

CAPÍTULO TRÊS

Sono — muito sono

"Você não pode esperar que eu acorde na hora pra ir pra escola — fui dormir depois das 2h da manhã!"

Conheça Sam, que passa a noite acordada e dorme durante o dia.

Sam não consegue levantar da cama de manhã. Seu pai entra no quarto dela para acordá-la. Pela segunda vez! O pai dela é repulsivo; ele fede a suor de homem, suas pernas são brancas e peludas, e Sam não faz ideia de como a mãe é capaz de passar a noite na mesma cama que ele. Um pai pode ser tolerável — de longe, quando toma banho... e quando está com a carteira na mão.

Sam não ouviu o pai entrar em seu quarto 10 minutos atrás. Não ouviu ele gritando que ela ia se atrasar para a aula, embora ele tenha indiscutivelmente ouvido uma resposta. O cérebro dela fez isso automaticamente. Seu irmão mais novo já está pronto, na cozinha, dividindo o café da manhã com o cachorro. Seu irmão mais novo também é nojento. Ele tem 12 anos, cospe, come de boca aberta, respira muito perto de Sam quando ela está no computador, põe os pés fedorentos no sofá quando ela está vendo TV, cutuca as feridas e funga de um jeito repulsivo, dá até para ouvir o ranho descendo pela garganta.

O cérebro de Sam sabe perfeitamente bem que não é de manhã — é o meio da noite. Ela só foi dormir quando eram quase 2h, e se passaram apenas 5 horas desde então. Isso não dá uma noite de sono, de jeito nenhum, e, portanto, NÃO é de manhã.

Ela volta a dormir. Não era intenção dela. Alguém sacode seu ombro. Ela grunhe. É sua mãe. O quê? Por que ela está sendo arrastada para fora da cama agora? Onde ela está? Quem ela é? *Por que* ela é?

"Tá acordada, Sam?"

"Aaaaargh."

"Levanta agora ou você vai se atrasar."

"Hummm."

"Sam, promete que vai se levantar? Não vou sair do quarto até você prometer."

"Hummm. Promeeeto."

A mãe vai embora, e Sam se esforça para manter os olhos abertos. Ela olha para o relógio, tentando dar sentido àquilo. Por que sua mãe a acordou? Ainda faltam 5 minutos até a hora de acordar. Ela fecha os olhos.

Apenas um segundo depois — que, na verdade, são 20 minutos —, estão o pai e a mãe gritando com ela que ela vai se atrasar. Ela força os olhos a abrir, olha para o relógio.

"Por que RAIOS ninguém me acordou?"

Claro, Sam passa o dia inteiro na escola cansada. Ela não consegue se concentrar na aula de matemática, odeia física com todas as forças, divaga na aula de história e não anota o dever de casa, se anima um pouco na hora do almoço, quase dorme na aula de francês. O máximo que ela consegue é olhar com raiva para os professores — suas vozes incomodam seu cérebro e eles não dariam a mínima para o que ela está sentindo, mesmo que contasse a eles.

Às 15h, Sam começa a se sentir acordada. Bem na hora do fim das aulas. De volta em casa, ela faz um lanche repleto de açúcar e carboidratos, faz o dever de casa correndo enquanto assiste ao YouTube e depois passa um bom tempo rolando o feed do TikTok.

A refeição em família é uma distração temporária, um mero intervalo para repor suas energias para as horas seguintes. Quanto mais rabugenta e calada ela estiver durante a refeição, mais rápido os pais deixam Sam ir embora. E se bater os pratos e talvez até mesmo lascar um enquanto seca, eles logo dizem para ela deixar a louça para lá. Então ela pode se recolher ao refúgio do quarto, com suas cortinas fechadas e aquela sensação sombria e cavernosa.

Durante a noite, o cérebro de Sam está repleto de energia e esplendor. Ela conclui a contribuição da turma dela para o Plano de Ação de Emergência Climática da escola, que ela está organizando, tem concentração e entusiasmo para escrever um e-mail reclamando eloquentemente sobre a falta de ação do governo em relação ao consumo excessivo de plásticos, e ainda sobra tempo para um chat filosófico tarde da noite sobre as respostas certas e erradas do dever de casa que a sra. Legless passou.

Quando sua família vai dormir e a mãe grita para ela abaixar o volume da música, Sam põe o fone de ouvido e aumenta o volume. Falam para ela que isso faz mal para a audição, mas é justamente o tipo de coisa que um adulto diria para estragar sua diversão. Os adultos são cheios de explicações científicas que significam que você não deve fazer nada. Enquanto isso, a vida é para ser vivida, a noite é uma criança, e seu celular está dizendo: "Vamos nos divertir!" É o que acontece, até que ela começa a sentir que talvez conseguisse pegar no sono. Se tentasse.

É 1h30 da manhã.

O que está acontecendo no cérebro de Sam?

Por muito tempo, as pessoas presumiram que essa incapacidade de sair da cama era apenas preguiça por parte dos adolescentes. Colocamos a culpa disso no fato de que eles escolhem ficar acordados até tarde e, portanto, não conseguem acordar de manhã. Mais recentemente, o uso de telas foi apontado como responsável — e é verdade que, de modo geral, isso não ajuda pessoas de nenhuma idade a pegar no sono. Mas agora há muitas pesquisas demonstrando que os adolescentes têm padrões de sono diferentes em termos biológicos.

Os ritmos circadianos são os padrões de sono e vigília que todos os animais têm. A região do cérebro que parece ser a mais importante no controle desses ritmos fica bem no fundo de uma área chamada hipotálamo. As células que controlam nossos padrões de vigília recebem o nome de relógio biológico. Ou, tecnicamente falando, de núcleo supraquiasmático.

Os seres humanos dormem à noite. Nosso relógio biológico nos faz dormir quando está escuro e ficar acordados durante o dia. Podemos tirar uma soneca durante o dia, mas não será nosso sono principal. Quando temos que dormir durante o dia e ficar acordados à noite, não nos sentimos nem funcionamos bem. É por isso que pode ser mais difícil acordar quando está escuro pela manhã ou dormir quando ainda está claro lá fora.

Um adulto precisa em média de 7 a 8 horas de sono por noite, embora os idosos geralmente precisem de menos.

aos 6 meses

aos 10 anos

aos 15 anos

na idade adulta

VOLUME APROXIMADO DE SONO NECESSÁRIO EM UM PERÍODO DE 24 HORAS

Em crianças mais novas, o padrão é diferente, dependendo da idade, com os bebês obviamente dormindo por muito mais tempo. Mas vale a pena notar que crianças de 9 e 10 anos costumam atingir o padrão adulto da média de 8 horas de sono necessárias, embora, muitas vezes, durmam até por mais tempo se ninguém for acordá-los.

Mas os adolescentes são muito mais interessantes do que isso, é claro. De repente, por volta da puberdade, o relógio biológico parece funcionar de maneira diferente. Pesquisas mostram que os adolescentes (e isso é verdade até o início dos 20 anos) precisam de cerca de 9 horas e 15 minutos de sono por noite.[23] Você não precisa ser um gênio da matemática para descobrir que, se você não for dormir até meia-noite, está bem longe de estar pronto para acordar quando seus pais tentam chamá-lo às 7. Seu corpo não vai estar pronto até depois das 9 da manhã.

Portanto, já pra cama!

Melatonina

Quando o relógio biológico está pronto para dizer ao nosso corpo para começar a sentir sono, o cérebro produz o hormônio chamado **melatonina**. Esta substância química prepara nosso cérebro para ficar sonolento. Exames mostraram que, na adolescência, o corpo produz melatonina muito mais tarde à noite do que em crianças.[24] Mais ou menos a partir da mesma hora em que adultos, na verdade. É por isso que muitas vezes você não sente sono até bem tarde, e é difícil dormir antes que nosso corpo e cérebro estejam prontos para isso. Portanto, receber ordens de ir para a cama mais cedo não serve de nada. No entanto, existem algumas coisas que podem ajudar, incluindo começar a relaxar mais cedo e manter seu quarto mais escuro à noite, quase que para enganar seu cérebro e fazê-lo pensar que está na hora de dormir. Você vai encontrar conselhos na página 98.

Ao ser forçado a levantar depois de apenas 7 horas de sono, em vez de 9, você está acumulando um déficit de 10 horas de sono a cada semana de aulas. De acordo com a especialista em sono Mary Carskadon, os adolescentes dormem, em média, 7 horas e meia por noite durante o período escolar. E 25% deles dorme apenas 6 horas e meia. Isso varia de acordo com as famílias e o lugar em que vivem. Quanto você e os seus amigos dormem?

Sono REM

Outro problema de acordar muito cedo é que você também estará perdendo um tipo especial de sono — o **sono REM**. REM é a sigla em inglês para "movimento rápido dos olhos", porque, quando você está nessa etapa, suas pálpebras tremulam. O sono REM tende a acontecer mais perto do final de uma noite de sono, então, se você tiver que acordar antes que seu cérebro esteja pronto, pode não passar por essa etapa. É durante esse período que você sonha. Os especialistas hoje acreditam que o sono REM é particularmente importante para a memória e o aprendizado, bem como para o bem-estar e a saúde mental.[25]

OS SINTOMAS DE FALTA DE SONO INCLUEM
ansiedade
depressão e mau humor
baixa imunidade
comportamento desastrado e lesões acidentais
dificuldade para tomar decisões
falta de memória e de concentração
reações mais lentas

Os hormônios são, com frequência, liberados durante o sono. A perda ou interrupção do sono pode significar níveis desajustados dos hormônios que controlam todo tipo de função corporal, como crescimento, reparo celular e apetite, bem como maturidade sexual.

O cortisol, hormônio do estresse, aumenta em humanos em privação de sono — menos sono significa mais estresse.

Mas e aí? Você não pode simplesmente passar o fim de semana inteiro deitado? Não é para isso que eles servem?

Infelizmente, a vida não é tão simples assim. Embora você possa compensar um pouco nos fins de semana, isso não ajuda seu relógio biológico e pode até bagunçá-lo ainda mais. Não há dúvida de que, mesmo dormindo mais nos finais de semana, muitos adolescentes apresentam sintomas graves de privação de sono.

Eis algumas estatísticas assustadoras:

- O sono afeta suas notas: em uma pesquisa sobre os hábitos de sono de 3 mil adolescentes de Rhode Island (Wolfson e Carskadon, 1998), aqueles que dormiram mais tiraram notas A e B; os que dormiram menos obtiveram C e D.

- O sono está profundamente ligado à saúde mental. Sintomas de insônia estão presentes em cerca de 75% dos pacientes com depressão.[26]

- Em um estudo da National Sleep Foundation, nos EUA, 24% dos jovens adultos em idade de dirigir disseram já ter cochilado enquanto dirigiam.[27]

- Ratos morrem mais rápido quando privados de sono do que quando privados de alimento.[28]

O cérebro adolescente no fundo trabalha muito quando está dormindo

Existem evidências de que o seu cérebro realiza grande parte de seu importante desenvolvimento enquanto você dorme. Parece uma nova desculpa perfeita para não entregar seu dever de casa: "Bem, Sr. Bumble, sabe, eu li um livro que diz que o meu cérebro faz um monte de coisas muito importantes enquanto eu estou dormindo, então achei que o senhor ficaria bem satisfeito com isso, e, então, bem, fui dormir. Mas adivinha só? Quando acordei, a folha de papel que eu tinha deixado do lado da cama ainda estava em branco."

Infelizmente, não é tão simples assim, mas a verdade é quase tão surpreendente quanto isso. Primeiro, lembre-se do que acontece no seu cérebro quando você faz, aprende, ou mesmo quando tenta fazer alguma coisa. (Dê uma olhada de novo no Fundamento do Cérebro 2, se for preciso.)

Lembre-se de que o importante não é o número de neurônios que você tem, é o número de conexões e a força delas. E, quanto mais vezes faz a mesma coisa, ou tem o mesmo pensamento, ou reconhece o mesmo rosto, ou entende a mesma lição de álgebra (ou mesmo tenta entendê-la), mais as conexões entre os neurônios relevantes se intensificam e se fortalecem. Isso significa que, da próxima vez que você fizer isso, será um pouco mais fácil.

Mas o mais incrível é que existem evidências de que, quando está dormindo, o seu cérebro pratica as coisas que você fazia enquanto estava acordado. Em um estudo, os cientistas examinaram os cérebros de gatinhos cujos cérebros ainda não estavam totalmente desenvolvidos.[29] Eles descobriram que as conexões entre os neurônios no cérebro mudavam fisicamente durante o sono, dependendo da atividade que o filhote tinha feito durante o dia. Os cientistas puderam observar o cérebro do animal e constataram uma diferença no número e na complexidade dos dendritos e sinapses após um período de sono que segue uma atividade específica. Experimentos semelhantes foram feitos com ratos.

Se isso também ocorre em cérebros humanos (e a biologia do cérebro em geral parece seguir padrões semelhantes em outros mamíferos), significa que, se você estudar datas históricas uma noite, seu cérebro poderá ensaiá-las, fortalecendo essas conexões, enquanto estiver em sono REM, e você vai se sair melhor na prova no dia seguinte. Mas, se não tiver sono REM suficiente, isso pode não acontecer. Além disso, se você passar a noite hipnotizado por algum reality show bobo, a única coisa que o seu cérebro vai ter para praticar durante a noite serão imagens de pessoas gritando umas com as outras ou andando descalças e fazendo observações fúteis sobre coisas desimportantes.

Toda essa atividade cerebral também acontece em adultos e crianças pequenas, mas existe uma coisa que torna os cérebros dos adolescentes diferentes, e é por isso que isso tudo é tão relevante. Ela remonta a uma questão sobre a qual falei no Capítulo Dois: uma das coisas mais marcantes e fascinantes em relação ao cérebro dos adolescentes vem do fato de que, ao contrário do que os cientistas costumavam acreditar, é nessa época da vida que seu cérebro está fazendo as mudanças mais radicais e fundamentais desde que você tinha 2 anos.

Os cientistas chamam isso de "plasticidade". A plasticidade também se aplica a outras idades, dado que o cérebro nunca para de ser afetado por nossas ações e experiências. Mas seu cérebro está mudando a tal velocidade que poderíamos dizer que ele é mais plástico, mais maleável do que um cérebro mais velho. E isso pode ajudar a explicar por que você precisa dormir mais: para que todas as mudanças e todas as coisas que você aprende durante o dia possam ser processadas e armazenadas.

Logo, o que você faz com seu cérebro durante a adolescência é muito importante — muito mais do que se imaginava quando seus pais eram adolescentes. E uma das melhores coisas que você pode fazer é dormir — mas dormir na hora certa. Esse, claro, é o problema. Você não pode mudar o horário de início das aulas pela manhã (embora algumas escolas tenham feito isso, com relativo sucesso). Não pode mudar seus ritmos circadianos. Não pode mudar radicalmente o horário em que seu cérebro decide começar a produzir melatonina.

Mas há coisas que você pode fazer para aproveitar ao máximo seu relógio biológico e dormir o melhor possível. Apresento essas sugestões no final deste capítulo.

Por que será que o cérebro adolescente é assim?

Se você quiser refletir por que o cérebro adolescente é assim, aqui vão algumas teorias interessantes. Lembre-se, porém, de que não são teorias isoladas, apenas formas diferentes de analisar a questão, e todas estão interligadas.

TEORIA 1 — É A EVOLUÇÃO (1)

Em algum ponto da distante pré-história humana, pode ter sido importante para a sobrevivência do grupo que os adolescentes, que haviam acabado de se tornar mais fortes, ficassem acordados até tarde da noite, para ajudar os adultos a proteger o grupo. Isso não é mais importante hoje, claro, mas a biologia evolutiva leva muitos milhares de anos para se ajustar. Essa teoria, no entanto, não explica muito bem a vontade de dormir até o meio-dia — será possível que TAMBÉM haja um pouco de preguiça envolvida aqui?

TEORIA 2 — É A EVOLUÇÃO (2)

Os seres humanos têm uma adolescência extraordinariamente longa, porque a vida de um humano adulto é bastante complexa e, portanto, o adolescente precisa aprender mais coisas e tem maior necessidade de se desenvolver do que outros animais. Como sabemos que o sono é essencial para o crescimento e o desenvolvimento do cérebro, e que os adolescentes humanos precisam de muito desenvolvimento, isso explicaria por que os cérebros dos adolescentes precisam de mais sono.

TEORIA 3 — É PRINCIPALMENTE CULTURAL

De acordo com essa teoria, a razão pela qual os adolescentes não dormem cedo o suficiente e, portanto, ficam cansados pela manhã é que eles fazem coisas demais à noite, estimulando seus cérebros com telas, chats, brigas familiares e dever de casa demais, portanto, simplesmente não estão prontos nem dispostos a sentir sono até que seja tarde da noite. Os adolescentes em geral se sentem mais acordados no início da tarde, porque é quando as aulas estão terminando e a vida começa a ficar interessante.

TEORIA 4 — É DA NATUREZA

O sono ajuda no desenvolvimento do cérebro e no crescimento do corpo. O cérebro dos adolescentes está se desenvolvendo profundamente e seus corpos também estão crescendo de repente: por isso, eles precisam dormir mais.

É provável que seja uma combinação dessas teorias, claro. No entanto, ao olharmos para estudos em humanos e outros animais, não há dúvida de que os padrões de sono mudam na adolescência, e que isso pode ser medido analisando a quantidade de melatonina na saliva em diferentes momentos do dia.[30] Com frequência, os adolescentes ainda estão produzindo melatonina no meio da manhã. Não surpreende que estejam com sono.

Como aproveitar ao máximo seus padrões de sono

Mesmo que você não consiga parar de ter um cérebro adolescente — e por que iria querer isso? —, há coisas que pode fazer para ajudá-lo a dormir o quanto precisa quando precisa. É possível minimizar os efeitos da privação de sono que o mundo moderno lhe impõe. Você vai continuar a constatar que o seu cérebro não fez o dever de casa de história enquanto dormia, mas pode até descobrir que tem energia para fazê-lo mesmo assim.

- A luz matinal intensa é a melhor forma de dizer ao seu relógio biológico para acordar. Pode parecer desagradável, mas, se alguém abrir as cortinas e acender todas as luzes antes de você ter que se levantar, vai ajudar.

- A partir da hora do almoço, evite qualquer coisa que contenha cafeína, incluindo café, chá, refrigerantes do tipo cola e bebidas energéticas.

- Se você sente sono em determinados momentos do dia, tente usar esses momentos para fazer coisas ativas e estimulantes, de modo a evitar tirar um cochilo, mantendo assim seu relógio biológico ajustado para dormir à noite.

- Tente pôr tudo em dia nos fins de semana — indo deitar em um horário razoável pelo menos uma das noites, em vez de ficar dormindo até a hora do almoço, o que não vai ajudar seu relógio biológico.

- Tente colaborar com o seu ritmo circadiano tendo contato com muita luz pela manhã e com escuridão à noite. Durante o dia, quanto mais tempo você puder ficar ao ar livre, mais luz natural receberá, ajudando seu relógio biológico.

- Se pegar no sono é o problema, é ainda mais importante não compensar dormindo até tarde no dia seguinte. Pratique a higiene do sono (ver a seção abaixo).

- Não tome remédio para dormir, a menos que seja prescrito por um médico. Não há nada de errado em tomar um fitoterápico leve às vezes, embora você possa começar a achar que não pode ficar sem ele, o que é uma má ideia em termos psicológicos. Peça ajuda ao seu farmacêutico sobre o que escolher.

- Muitas pessoas acham que borrifar óleo de lavanda no travesseiro ajuda a relaxar.

- Desconfio que você não vá gostar disso, mas existem evidências[31] de que, quando os pais determinam uma hora para dormir, os adolescentes dormem mais e funcionam melhor no dia seguinte. (E, quando a hora de dormir estabelecida foi meia-noite, o estudo mostrou mais casos de depressão do que quando a hora de dormir foi estabelecida às 22h. Eu disse que você não ia gostar!)

Higiene do sono

Higiene do sono é treinar seu corpo para começar a pensar em dormir quando a noite chega, para que possa pegar no sono mais rápido. A partir de uma a duas horas antes da hora de dormir desejada, siga as seguintes orientações:

- Evite agitação, jogos de computador, discussões, qualquer coisa difícil, programas de televisão barulhentos/ brilhantes/ agitados, luzes fortes. Desligue todas as telas, a não ser que sejam leitores de e-book — e lembre-se de desativar as notificações.
- Evite bebidas alcoólicas por completo — embora possam causar sonolência, no fundo elas atrapalham bastante o sono.
- Uma bebida quente (que não seja café nem chá que contenha cafeína) com leite pode ajudar — quando o leite é aquecido, ele contém uma substância química que é um indutor natural do sono.
- Concentre-se no relaxamento: ouça música, faça alguma atividade tranquila no seu quarto (sim, você pode até mesmo arrumá-lo, desde que faça isso devagar e de forma relaxada).
- Exercícios leves, como ioga ou alongamento, podem ser uma boa ideia, mas nada que aumente a frequência cardíaca nem acelere a respiração.
- Tomar um banho morno como parte de sua rotina antes de dormir é outra boa ideia. Faça isso antes de se deitar. Usar lavanda no banho também pode ajudar.
- Mantenha a mesma rotina de sono, para que seu cérebro comece a associar o trocar de roupa e escovar os dentes com o ato de dormir; pessoalmente, acho que escrever no meu

diário me faz dormir — mas pode ser só porque a minha vida é chata.
- Quando estiver deitado, leia ou escute uma música calma por um tempo, depois apague a luz.
- Não fique online e desligue o celular. É provável que as telas com luz de fundo o mantenham acordado, assim como o estresse de alguém falando com você.
- Não passe mais de 20 minutos tentando dormir. Levante-se e vá fazer coisa leve até sentir sono. Seu cérebro precisa aprender que cama é sinônimo de pegar no sono.
- Não entre em pânico pensando no quanto vai ficar cansado no dia seguinte — vai dar tudo certo! Algumas noites ruins não fazem diferença, e você pode repor o sono atrasado.

Hora da prova

A dura realidade é que, se você estiver com sono atrasado, não vai se sair bem nas provas e testes (embora dormir mal por algumas noites, como eu já disse, não faça tanta diferença assim). Por isso, mesmo que não siga nenhum dos conselhos anteriores durante o resto do tempo, FAÇA ISSO AGORA.

> Um estudo feito em Harvard em 2000 mostrou que, durante o sono REM, o cérebro armazena e pratica informações aprendidas recentemente.[32] Portanto, revisar na noite anterior é uma boa, mas trabalhar até tarde da noite ou acordar muito cedo atrapalha a memorização, porque você perde o sono REM.

ESTATÍSTICAS IMPORTANTES SOBRE O SONO

- 45% dos adolescentes dorme menos de 8 horas por noite antes das aulas; 31% dorme de 8 a 9 horas, e 20% dorme as 9 horas recomendadas ou mais.[33]
- 64% dos jovens adultos admite já ter dirigido com sono.[34]
- Um estudo na Carolina do Norte descobriu que, em todos os acidentes de carro provocados porque o motorista adormeceu, mais da metade foi causada por motoristas de 25 anos ou menos.[35]
- Ter o hábito de dormir menos de 7 horas por noite aumenta significativamente o comportamento de risco na adolescência.[36]

Para mais conselhos sobre o sono, veja meu livro *The Awesome Power of Sleep* e muitas outras informações no meu site.

FAÇA O TESTE

Quão sonolento você está?

Eis um pequeno teste para ver o quão sonolento você está. Ele é empregado por médicos, mas é usado como parte de uma série de outros testes, portanto, esses resultados por si só não são suficientes para determinar se você tem um problema real.

Leia cada situação e marque a probabilidade de você adormecer diante dela.

circule: 0   nenhuma chance de adormecer
1   pequena chance
2   chance moderada
3   grande chance

SITUAÇÃO

sentado, lendo

0   1   2   3

vendo TV

0   1   2   3

sentado em um local público (por exemplo, um cinema)

0   1   2   3

como passageiro em um carro por uma hora, sem parar

0   1   2   3

se deitar para descansar à tarde

0   1   2   3

sentado, conversando com alguém

0   1   2   3

sentado, quieto, após o almoço
(por exemplo, assistindo a uma aula ou lendo)

0   1   2   3

em um carro, parado por alguns minutos no trânsito

0   1   2   3

PONTUAÇÃO — FAÇA AS CONTAS
até 9   sonolência normal
10-13   pouca sonolência
14-19   sonolência moderada
20-24   sonolência grave

Diante de qualquer resultado acima da quantidade normal de sonolência, você deve considerar a possibilidade de que talvez não esteja dormindo o suficiente. Tente aplicar algumas das dicas apresentadas neste capítulo. Se sua sonolência está te causando problemas, procure um médico.

Agradecimento: este teste é a Escala de Sonolência de Epworth, desenvolvida pelo dr. Murray W. Johns, da Universidade de Melbourne, na Austrália. Ele é reproduzido aqui com sua gentil permissão (© M. W. Johns 1991–7). O texto foi ligeiramente alterado para se adaptar ao público adolescente.

CAPÍTULO QUATRO

Correndo riscos

"Por que eu fiz isso? Porque me deu vontade, oras."

Conheça Marco. Seus pais passaram a ter pavor de ouvir o telefone tocar.

É madrugada de sábado. Os pais de Marco estão na cama. O pai está dormindo. A mãe estava dormindo, mas agora está bem acordada, sabendo que Marco ainda não voltou para casa. O combinado é que ele os acorde para dizer que chegou. O relógio marca 1h30. Ele deveria estar em casa à 1h. Meia hora não é tão ruim assim. Ela já viu coisas piores. Muito piores.

Teve uma vez que a polícia o trouxe para casa. Bêbado, depois de furtar um carrinho de supermercado.

Houve outra ocasião em que a polícia o trouxe. Ele foi pego tentando colocar uma camisinha no cano de descarga de um carro de polícia estacionado.

Houve mais uma ocasião em que a polícia o trouxe de volta para casa. Ele alegava não saber quem era. No fim das contas, havia sido uma provocação. Ameaçaram processá-lo por desperdiçar o tempo da polícia. "E desperdiçar o tempo dos pais?", perguntou o pai dele. "Qual a pena para isso?"

E não era apenas nas noites de sábado que eles tinham que se preocupar. Tinha a escola. Quatro suspensões naquele ano, por enquanto. Uma por não cumprir uma suspensão.

Uma por fumar. Outra por fugir pela janela durante uma aula. E a última por fingir que tinha acabado de ver Jesus Cristo no meio de uma aula de educação física. As duas últimas haviam sido incentivadas pelos amigos, claro. E não eram apenas as suspensões. Havia os e-mails da coordenação. "Caros sr. e sra. Fusilli, devo chamar sua atenção para o comportamento inoportuno constante de Marco nas aulas de escultura da sra. Doolally. Hoje ele fez uma série de objetos em forma de partes do corpo." E a escola dizia: "Marco é um rapaz esperto. No entanto, seu comportamento em sala de aula deixa muito a desejar. Ele parece achar que sua missão na vida é atrapalhar todas as aulas fazendo palhaçadas." Ou: "Marco sem dúvida tem muito talento. No entanto, ele se esforça tanto para escondê-lo que não sei exatamente que talento é esse." Ou a mais recente: "Marco sem dúvida vai longe. No entanto, pode não ser exatamente na direção certa."

E havia também os telefonemas. "Cathy, não quero te deixar preocupada, mas tenho certeza de que acabei de ver Marco no shopping durante o horário de aula. Andando de patins. Pode não ter sido ele — foi muito rápido, e ele parecia também estar usando um capacete da polícia." Ou: "Mãe, não entra em pânico, mas eu estou no hospital. Não, foi só a minha cabeça."

E não era só porque ele era adolescente. Isso acontecia desde o dia em que Marco, ainda criança, descobriu que cortar o cabelo das Barbies da irmã produzia uma reação de decibéis ensurdecedores. Continuou no jardim de infância, quando ele se vestiu de Super-Homem e quis ver se podia voar, então pulou do cadeirão. Enquanto havia um bebê sentado. Piorou no ensino fundamental, quando ele encantava e enfurecia os professores alternadamente, até o ponto de nunca saberem ao certo o que esperar quando entravam na sala de aula. E, no ensino médio, a completa incapacidade de fazer coisas tranquilas, sensatas, para o próprio bem, se estendeu a ser pego fumando com frequência, embora no fundo odiasse fumar, a acionar deliberadamente o alarme de incêndio quando havia uma visita importante na escola, e nunca, *jamais*, voltar para casa na hora combinada quando saía à noite.

Portanto, não surpreende que sua mãe esteja acordada, oscilando entre o medo e a fúria. Onde ele está? O que está fazendo? Que tipo de confusão arrumou dessa vez? Será que não entende o quanto ela fica preocupada? Será que não se importa com ninguém?

Para ela, já basta. Ela sai de debaixo das cobertas e pega o celular. Com os dedos pesados e olhos turvos, seleciona o número dele. O telefone chama. E chama. Ela está prestes a desligar quando Marco atende.

A voz dele está arrastada. Pelo amor de Deus, ele está bêbado de novo!

"Onde diabos você está, Marco?", dispara ela, tentando não acordar o resto da casa.

"Na cama. Você acabou de me acordar."

O que está acontecendo no cérebro de Marco?

Marco gosta de correr riscos. Algumas pessoas gostam, outras não, sejam ou não adolescentes. Se você não gosta, pode ser que atravesse a adolescência sem provocar um ataque cardíaco em seus pais, o que não significa que não vá encontrar muitas outras formas de deixá-los estressados. Se você for propenso ao risco por natureza, existem algumas razões pelas quais é muito provável que leve isso ao extremo durante a adolescência. Vou chegar a essas razões em instantes.

Mas, primeiro, pensemos no risco. No fundo, todos nós corremos riscos de alguma forma. Isso é necessário para seguir nossa vida. Você corre um risco assim que sai da cama. (Embora também possa correr riscos se continuar na cama — pode ter um coágulo, ou um avião pode cair sobre a sua casa.)

Para ter sucesso, precisamos correr riscos, sejamos adolescentes ou adultos: se você quer determinado emprego, pode ter que enfrentar uma entrevista estressante. Tudo pode dar errado, mas, se não correr o risco, aí é que não vai conseguir o emprego mesmo. Pode ter que se candidatar a um curso disputado ou a uma universidade de ponta; novamente, existe o risco do fracasso, o risco de conhecer novas pessoas, o risco de não ganhar dinheiro enquanto está se preparando. Se quer conhecer outro país, precisa correr um pequeno risco fazendo a viagem.

Risco não tem a ver apenas com perigo — tem a ver também com tentar algo novo, algo no qual podemos não ter sucesso na primeira vez ou de que podemos não gostar. Se fôssemos programados para nunca correr riscos, jamais conquistaríamos nada, e a raça humana teria fracassado antes mesmo de começar. Não comeríamos as coisas que comemos, caso fossem venenosas. Não teríamos caçado, projetado aviões, viajado para outros países, conhecido novas pessoas, inventado novas formas de usar nosso ambiente ou descoberto qualquer coisa.

Acontece o mesmo no resto do reino animal: um antílope escolhe se arriscar indo até uma área de pastagem, mesmo que exista o risco de que um leão esteja observando, porque comer aquele pasto o tornará mais forte e mais apto à sobrevivência. Mas um antílope pensa assim, em termos de comparação de riscos? Quase que certamente não. O que acontece na prática é que antílopes, humanos e outros animais são biologicamente programados para buscar recompensas ou prazer. O antílope sabe que o pedaço de grama parece apetitoso; somente em um nível de sobrevivência mais profundo, inconsciente, é que ele "sabe" que o pedaço de grama lhe dará força, e isso significa que ele terá uma chance maior de passar seus genes para muitos filhotinhos de antílope (que é como estes animais definem o sucesso). Se tudo se tratasse apenas de risco e medo, o antílope jamais iria até o pasto — mas se trata de desejo de prazer, e é o desejo de prazer que nos faz agir, sob risco ou não. Sobrevivência e sucesso se fundamentam em um delicado equilíbrio entre risco e cautela, estimulado pelo prazer.

> **Faça o teste no final deste capítulo para ver o quanto você gosta de correr riscos.**

Dopamina — o fator prazer

Correr riscos, ou, mais precisamente, *sobreviver* aos riscos, nos proporciona prazer. Se você já andou em uma montanha-russa ou outro brinquedo do tipo em um parque de diversões, conhece aquela sensação de êxtase quando o passeio termina e você está em segurança de novo. As pessoas estão aos berros durante o passeio — mas olhe só a cara delas quando acaba. Pessoalmente, eu odeio esses brinquedos, mas me lembro de amar a sensação de euforia que vem depois. Por isso que o parque é de "diversões".

Mas essa sensação de prazer não se resume a pensar: "Nossa, sobrevivi a esse risco — que bom que ainda estou vivo!" Existe também algo físico acontecendo no cérebro e produzindo uma sensação de prazer, e isso vale para todo mundo, seja adolescente ou não.

Uma substância química do cérebro chamada **dopamina** ativa essa sensação de prazer. Ela faz parte de um grupo especial de substâncias, os **neurotransmissores**. Eles ajudam a transmitir impulsos elétricos por meio dos neurônios. A dopamina possui inúmeras funções, mas uma delas tem a ver com o prazer. Não é o tipo de prazer silencioso que você pode obter ao passar o dia relaxando na praia: são sensações de prazer muito mais dramáticas — emoção e entusiasmo. Ela traz um bocado de animação para a sua vida.

> O trabalho da dopamina é fazer com que você deseje ter prazer ou recompensa. Isso faz com que escolha executar uma ação específica que lhe causará este efeito. Quanto mais seu sistema de dopamina for ativado, mais vai desejar prazer, e maior a probabilidade de que você corra atrás disso.

Quando os pesquisadores removeram o sistema de dopamina dos ratos, os animais pararam de procurar coisas novas. Precisamos desse elemento de busca de emoção, caso contrário nos tornamos preguiçosos.

Embora todos desejemos prazer, o cérebro de algumas pessoas parecem mais voltados para essa busca do que o de outras. Essas pessoas talvez tenham um sistema de dopamina mais ativo (às vezes, hiperativo). O que acontece, então, é o seguinte: quanto mais emoção você sente, mais dopamina é liberada no seu cérebro, e, por isso, mais emoção deseja. Podemos dizer que existe um vício em emoção.

O que torna os adolescentes especiais quando se trata de riscos?

Se todos os seres humanos são programados para correr alguns riscos para ter sucesso, e se algumas pessoas (de qualquer idade) gostam mais de correr riscos do que outras, o que torna os adolescentes diferentes? Muitos, sem dúvida, correm mais riscos, e riscos mais perigosos.[37] Motoristas jovens têm quatro vezes mais chances de morrer em acidentes de carro e muito mais chances de ultrapassar o limite de velocidade, dirigir depois de beber e não usar cinto de segurança. Também são maiores os riscos relacionados a atividades sexuais, consumo de álcool e drogas ou desprezo pelas normas.

Inúmeros estudos mostraram diferenças interessantes entre adultos e adolescentes quando se trata da dopamina: diferenças nos níveis e diferenças na forma como pelo menos alguns adolescentes reagem à excitação provocada ao correr riscos ou buscar novidades. Uma descoberta interessante[38] é que o centro de recompensa do cérebro adolescente pode ignorar uma pequena recompensa, mas produzir uma reação emocional exagerada após uma excitação mediana. Isso significa que, se você é um caçador de emoções, pode ser necessário um risco maior para que a sensação desejada seja produzida. Existe também a hipótese de que uma região do cérebro chamada **corpo estriado ventral**, importante na reação à excitação, seja menos ativa nos adolescentes (ou pelo menos em alguns deles). Por isso, alguns jovens podem ter que correr riscos maiores para obter a quantidade de prazer químico que seus cérebros desejam.

Mesmo os adolescentes que não são particularmente afeitos a correr riscos podem, de repente, assumir um risco que não condiz com a própria personalidade. Pode ter a ver com um desejo de se adequar ou de impressionar os amigos, e a baixa autoestima pode aumentar o risco de seguir a pressão dos colegas.[39] Esses adolescentes podem ter a sensação de que correr riscos seja a melhor forma de fazer com que as pessoas os respeitem, reparem neles e gostem deles. Ou a exposição atípica ao risco pode ser simplesmente uma tomada de decisão equivocada. Ou, então, pode ser que eles nem mesmo tenham encarado aquilo como um risco — apenas algo que "deu vontade de fazer".

Esse conceito de "deu vontade" é muito importante quando olhamos para o cérebro de um adolescente. Ele se conecta com a perspectiva do prazer, novamente — é uma reação instintiva de desejo por prazer. Parece que a reação instintiva é um motivador mais forte para os adolescentes do que o pensar no futuro. Você pensa no futuro, mas é menos provável que baseie sua decisão nisso do que na emoção. E lembre-se: pensar lá na frente e ponderar os riscos de maneira lógica exige a ação do córtex pré-frontal. Os adultos não são perfeitos nesta tarefa, mas têm menos justificativas para quando não o fazem.

Muitas pesquisas demostraram que os adolescentes baseiam suas decisões arriscadas mais em como se sentem no momento do que na ideia do que pode acontecer. A parte do cérebro de que precisamos para tomar boas decisões com base na avaliação das consequências e dos riscos é o córtex pré-frontal. Como você sabe, o seu ainda não está inteiramente desenvolvido, mesmo que esteja se esforçando muito (e, às vezes, as ressonâncias magnéticas mostram que ele está trabalhando ainda mais do que o de um adulto). Você é perfeitamente *capaz* de identificar os riscos, mas pode achar mais difícil basear sua decisão no raciocínio lógico do que na forma como se sente *no momento*. Pesquisas também sugerem[40] que os adolescentes demoram um pouco mais para chegar a uma conclusão sobre o que é perigoso e o que não é.

Uma descoberta fascinante[41] é a de que os adolescentes também tomam decisões diferentes, e *têm uma atividade cerebral diferente*, sobre quais riscos correr se seus amigos estiverem presentes. A necessidade de impressionar os amigos é importante para progredir na vida e se tornar independente dos pais, mas às vezes os riscos podem ser perigosos demais. Estatísticas mostram que os adolescentes têm muito mais chances de sofrer um acidente de carro ou cometer um crime quando estão em grupo do que quando estão sozinhos.

Por que os adolescentes têm que ser diferentes assim?

Podemos examinar as razões para isso sob vários ângulos. Como vimos, elas se resumem às diferentes formas pelas quais podemos olhar para o comportamento humano. E, como vimos também, as hipóteses estão interligadas, e a evolução está na origem do fato de sermos como somos e de agirmos da maneira como agimos.

TEORIA 1 — É A EVOLUÇÃO

Essa teoria diz que os adolescentes se tornaram afeitos ao risco porque isso nos dava uma vantagem nos primórdios da humanidade: à medida que os adolescentes caminhavam em direção à idade adulta, quando teriam que cuidar de si mesmos e começar suas próprias famílias, eles só poderiam aprender a ser ousados e bem-sucedidos no futuro se corressem riscos enquanto ainda estavam protegidos pelos pais — em outras palavras, em relativa segurança. Tudo tem a ver com aprender o que você pode fazer com segurança e o que não pode. Permite que os jovens aprendam com os erros. Além disso, na evolução, os mais fortes sobrevivem, e o risco fortalece — pode proporcionar alimentos melhores, companheiros mais fortes, um ambiente melhor.

TEORIA 2 — É BIOLÓGICO

Isso remonta à teoria de que o córtex pré-frontal não está desenvolvido, e que, portanto, tem dificuldade em tomar decisões sensatas com base nas consequências previstas. Como você viu na página 71, uma pessoa que tenha sofrido uma lesão nessa área do cérebro geralmente tem dificuldade em fazer bons julgamentos e corre grandes riscos. De acordo com essa teoria, os pais ou os adultos devem tomar as decisões até que o adolescente tenha desenvolvido essa capacidade.

Embora certos adultos também se arrisquem muito, os riscos que alguns adolescentes correm são menos baseados em decisões calculadas. Quando Marco tomou quatro doses de vodca e subiu em um carrinho de compras, ele sequer havia começado a ponderar o risco. "Só deu vontade."

Ele não pensou.

TEORIA 3 — NA VERDADE, OS ADOLESCENTES ESTÃO AGINDO DE FORMA POSITIVA E ÚTIL

Os adolescentes correm riscos por um motivo muito bom, embora talvez seja subconsciente: eles querem ser aceitos, fazer parte do grupo. Este é um aspecto muito importante do ser humano. Os adolescentes desejam, com razão, conquistar seu lugar na sociedade, fortalecer os laços com os amigos, afirmar seu status. Abordei isso com mais detalhes no Capítulo Um, quando falei sobre colegas e pressão social.

TEORIA 4 — É CULTURAL

O comportamento adolescente é desencadeado pelo início da puberdade. Nos países desenvolvidos, a puberdade começa, em média, mais cedo do que começava 50 anos atrás. Logo, o ato de correr riscos na adolescência também começa mais cedo, numa época em que o cérebro não está pronto para fazer cálculos e tomar decisões. Somado a isso, os riscos possíveis hoje são piores: as drogas são mais fortes e o acesso a elas mais fácil, assim como ao álcool; os adolescentes em geral têm mais dinheiro e mais opções de atividades noturnas arriscadas, como boates; há menos tabus sobre o sexo; e os adolescentes são incentivados a prezar mais por suas próprias escolhas e decisões. Ao mesmo tempo, os adolescentes são muitas vezes privados de inúmeras formas mais brandas de correr riscos (como andar de bicicleta na rua e passar o tempo livre fora de casa sem supervisão), o que faz com que sobrem apenas as atividades mais arriscadas, como álcool, drogas e sexo.

O outro lado da relação com o risco

Correr riscos negativos não se resume a fazer corridas em carrinhos de compras ou se meter em confusão por causa de gracinhas. Pode ser também se alimentar de forma pouco saudável e não cuidar do próprio corpo. Isso pode não parecer um risco, mas é.

Os riscos associados ao estilo de vida incluem atividades específicas, como fumar, fazer sexo sem proteção e consumir álcool ou drogas, assim como fazer más escolhas em termos de alimentação. Estar significativamente acima ou abaixo do peso aumenta o risco de complicações graves de saúde, tanto a curto como a longo prazo.

Muitos de vocês vivem vidas bastante saudáveis, fazendo ótimas escolhas sobre o que comem e praticando exercícios adequadamente. Mas muitos outros jovens não agem assim.

A pesquisa da Association for Young People's Health do Reino Unido, feita entre 2010 e 2018, descobriu que:

- Apenas uma em cada 12 pessoas entre 11 e 18 anos come pelo menos 5 porções de frutas e vegetais por dia
- Apenas 16% dos meninos e 10% das meninas praticam a quantidade de exercícios recomendada (e esses percentuais estão caindo)
- A proporção de jovens de 14 anos que dormem menos de 8 horas por noite duplicou entre 2005 e 2015
- Em 2017, 23% dos meninos e 24% das meninas na Inglaterra foram classificados como obesos[42]

Assim como é arriscado comer demais, ou comer alimentos ultraprocessados, também é arriscado não comer o suficiente, ou não comer alimentos saudáveis. Ao não fazer boas escolhas sobre o que você come — ou deixa de comer — nessa idade, você pode não consumir as vitaminas e os minerais essenciais para sua saúde no futuro. Isso também é um risco.

Álcool

O álcool precisa de um capítulo próprio em um livro sobre o cérebro adolescente. Associamos o álcool ao prazer, e também o associamos ao risco. Infelizmente, o cérebro adolescente, por ser especial, faz coisas especiais com o álcool, o que multiplica os riscos de forma significativa. Os cientistas não sabem ao certo o motivo, mas o cérebro adolescente é excepcionalmente vulnerável ao álcool e a outras drogas. Mas há boas notícias: em muitas partes do mundo, incluindo o Reino Unido, mais adolescentes estão optando por se abster do álcool do que quando *A culpa é do meu cérebro!* foi publicado pela primeira vez, em 2005.

No entanto, alguns adolescentes que consomem álcool o fazem em excesso. Além disso, se há 20 anos eram os meninos os que mais bebiam, hoje muitas meninas também bebem demais. Um dos problemas disso é que o álcool pode aumentar a probabilidade de se ter uma relação sexual da qual vai se arrepender, incluindo uma que leve a uma gravidez não planejada. E qualquer pessoa sob a influência do álcool é incapaz de consentir com uma relação sexual de forma adequada.[43] Uma razão pela qual o álcool se tornou um grande problema desde a década de 1990 e continua a sê-lo para alguns adolescentes é a preferência por bebidas alcoólicas como vodca, muitas vezes disfarçadas com sabores adocicados. É muito mais fácil ficar muito bêbado com uma bebida como a vodca do que com vinho ou cerveja, e é mais difícil saber o quanto você bebeu. É fácil disfarçar o sabor com preparados doces que descem mais fácil. Receio que seja verdade o que os cientistas dizem, que não existe um limite seguro de consumo de álcool para adolescentes. Quando os adultos angustiados alertam os jovens sobre os perigos, fazemos isso porque temos preocupações genuínas, não porque queremos estragar sua diversão. Não é divertido comprometer seu cérebro. Não é mesmo.

Você não quer ouvir "não vá encher a cara", e provavelmente nem vai escutar se eu disser uma coisa assim. Infelizmente, porém, graças às novas descobertas sobre o cérebro adolescente, essa é uma mensagem da qual não podemos fugir. Se você *vai* beber, pelo menos esteja ciente daquilo em que está se metendo. Depois, pergunte a si mesmo por que decidiu fazer mal ao seu cérebro dessa forma.

> Por alguma razão, o álcool tende a deixar os adultos sonolentos, mas não tem esse efeito nos adolescentes — eles tendem a ficar hiperativos e mais propensos a fazer besteiras.[44]

Eis algumas verdades difíceis de engolir:
- A maior parte do consumo de bebidas alcoólicas pelos jovens acontece de maneira compulsiva (5 ou mais doses para homens ou 4 ou mais para mulheres em até 2 horas).[45]
- Diversas pesquisas mostraram que as pessoas que começam a beber antes dos 15 anos correm maior risco de ter problemas com álcool mais tarde. Muitos estudos colocam o grau de risco em torno de 5 vezes maior.[46]

○ Estudos em ratos mostram que, para causar danos ao cérebro de um adolescente, basta apenas metade da quantidade álcool necessária para causar danos ao cérebro de um adulto.[47]

○ Embora nossos cérebros sejam capazes de se recuperar *em parte* após uma lesão, o álcool compromete partes cruciais envolvidas na memória e no aprendizado, e qualquer reparo pode ser extremamente difícil, improvável ou até impossível.

○ Adolescentes que consumiram em média duas doses de bebida alcoólica por dia durante dois anos mostraram uma perda de desempenho de 10% em tarefas de memória (pior do que adultos com alcoolismo grave).[48]

○ O consumo irresponsável de álcool está relacionado a 30% dos suicídios cometidos todos os anos.[49]

Todas as evidências mostram que o cérebro adolescente é terrivelmente vulnerável tanto à possibilidade de dependência quanto aos efeitos imediatos do álcool. Além disso, o fígado de um adolescente não processa o álcool tão bem quanto o de um adulto. Desse modo, um adolescente precisa de menos álcool para ficar bêbado, os efeitos são mais nocivos e o cérebro corre mais risco de sofrer danos em um momento crítico para o seu desenvolvimento.

Muitas das áreas do cérebro que mais sofrem mudanças durante a adolescência parecem ser sensíveis ao álcool. Em experimentos de laboratório, ratos adolescentes expostos ao álcool sofreram danos visíveis em partes do córtex frontal. Em humanos com alcoolismo, o **hipocampo** é significativamente menor — uma região muito importante para a memória. Assim, duas das partes do cérebro que sofrem mais mudanças na adolescência são as mais vulneráveis aos danos causados pelo álcool.

Por volta de 2010, os médicos começaram a receber pacientes adolescentes com doenças alcoólicas cerebrais e hepáticas em estágio avançado e incuráveis que só costumavam ser vistas em pessoas muito mais velhas.

O uso prolongado de álcool pode levar ao vício e indiscutivelmente provocar danos cerebrais permanentes, mas o problema não acaba aí. Não se trata apenas do uso a longo prazo: trata-se de ficar bêbado, simples assim. E você não precisa fazer isso com muita frequência. Ficar bêbado uma vez não faz de você um alcoólatra, mas pode te matar antes de você se tornar um.

> **UMA PALAVRA DE CONFORTO**
>
> Se você já ficou bêbado algumas vezes ou conhece alguém que já ficou, não se preocupe. A partir de agora, você tem a chance de fazer escolhas mais saudáveis. Cada boa escolha que fizer ajudará seu cérebro a funcionar melhor. Se tem medo de que você (ou um amigo) não vá conseguir parar de beber, procure ajuda de alguma instituição que atue na área de álcool e drogas. Você não será julgado e vai receber ajuda.

OS PERIGOS DO ÁLCOOL

Existem inúmeras formas de morrer ou sofrer grandes danos devido a um episódio de abuso do álcool:

- você pode broncoaspirar o próprio vômito
- você pode tentar dirigir um carro
- você pode entrar em um carro com um amigo bêbado no volante
- você pode decidir voltar para casa a pé sozinho

- você pode cair na rua e ser atropelado
- você pode ser atacado por alguém que quer te machucar
- você pode ser agredido — e nem se lembrar na manhã seguinte
- você pode fazer sexo e desejar que não tivesse feito
- e você pode destruir seus neurônios

ATIVIDADE SEXUAL E ÁLCOOL

Como o álcool reduz as inibições e afeta nossa capacidade de fazer escolhas seguras e controladas, a bebida pode tornar as pessoas mais propensas a se envolver em atividades sexuais que, de outra forma, não teriam feito, não planejavam ou não queriam. Isso pode levar ao arrependimento, tanto em homens quanto em mulheres. Esse arrependimento pode ser pequeno — "eu preferia ter esperado" — ou algo muito mais grave. Há uma probabilidade maior de não usar proteção ou de não usá-la corretamente, aumentando os riscos de pegar infecções sexualmente transmissíveis ou de engravidar. Há uma probabilidade maior de você se ver em uma situação insegura e tomar decisões que não tomaria se estivesse sóbrio e no controle.

Se alguém estiver sob os efeitos do álcool, a lei não considera sua escolha de fazer sexo como "consentida". Fazer sexo com alguém bêbado significa que aquela pessoa não consentiu. Além disso, "bêbado" não significa necessariamente "inconsciente" — se você achar que uma pessoa está sob o efeito de álcool ou drogas, a única coisa que deve fazer é garantir que ela fique em segurança até estar sóbria.

"Ah, isso não vai acontecer comigo", você pode dizer. "Eu nunca faria uma coisa dessas. Nunca deixaria que o álcool me fizesse perder o controle." Isso porque está sóbrio e no controle enquanto lê este livro. O álcool tira seu controle. Sim, ele te dá prazer — caso contrário, por que alguém beberia? Mas seu sistema de dopamina entra em ação, você passa a desejar mais e mais prazer, e, antes que possa perceber, está correndo os maiores riscos da sua vida.

"Drogas — maconha não tem nenhum problema, né? Ela não é muito mais segura do que o álcool?"

"É só uma planta." Bem, talvez seja disso que a cannabis seja feita, mas mesmo assim é uma droga que altera a mente. Assim como o álcool. Assim como a heroína. As pessoas que dizem que a maconha é segura estão se iludindo — e a você. As pessoas acreditam no que querem acreditar, mas mesmo aquelas que costumavam dizer que ela é segura agora precisam encarar os fatos com base nas pesquisas mais recentes:

- A fumaça da cannabis contém altos níveis de substâncias químicas que provocam câncer — assim como o tabaco.
- Ela prejudica a memória, a concentração e a coordenação.
- O uso por tempo prolongado expõe a um maior risco de depressão clínica e **esquizofrenia**, e um estudo abrangente de longo prazo feito recentemente na Nova Zelândia sugere que o uso frequente por muitos anos pode reduzir o QI (uma medida de inteligência).
- Os efeitos colaterais são ataques de pânico, náuseas e alucinações.
- Pode ser muito difícil parar de usar a cannabis — em outras palavras, pode causar vício.

- Ela se acumula no organismo com o passar do tempo — ao contrário do álcool, que é eliminado pelo fígado.
- Não existem níveis seguros recomendados, porque ninguém sabe o que é seguro no que diz respeito à cannabis.

Se o álcool é mais perigoso para os adolescentes do que para os adultos, é provável que a maconha também seja. Cada vez mais estudos mostram que a cannabis representa sérios riscos a longo prazo, incluindo o de desenvolver transtornos mentais mais tarde. Se você usa drogas, está correndo riscos enormes, da mesma forma que acontece com o álcool.

CANNABIS E A LEGISLAÇÃO

A legislação sobre a cannabis (assim como outras drogas e também o álcool) varia. No Brasil, é crime "adquirir, guardar, tiver em depósito, transportar ou trouxer consigo" qualquer droga ilícita, mesmo para consumo pessoal. No momento da publicação deste livro, tramita no Supremo Tribunal Federal brasileiro uma pauta que pode mudar essa situação, mas por enquanto a lei 13.343/06 segue em vigência. Isso significa que o porte é ilegal, mesmo para uso recreativo. E é um delito ainda mais grave dar ou vender, mesmo para amigos.

    Pessoas com certos tipos de doenças e condições médicas já conseguiram autorização da justiça para utilizar a maconha com fins medicinais, mas mesmo para essas situações ainda é necessário debate. Alguns projetos de lei atualmente estão em processo de regulamentação, e desde 2015 muitos pedidos de importação de compostos derivados da cannabis foram autorizados, mas isso não é o mesmo que o uso recreativo.

Tabagismo

Sim, sim, você sabe que faz mal. Todos vocês estão cientes do câncer de pulmão, das doenças cardíacas, dos problemas respiratórios. Você provavelmente ignora tudo isso porque só vai acontecer quando estiver mais velho — com a idade dos seus pais, talvez.

E você não vai ficar viciado, vai? Bem, a verdade é que é mais provável que você se vicie se começar agora do que se esperar alguns anos. Em ratos, a nicotina é duas vezes mais viciante em adolescentes do que em adultos. Também há evidências de que, se o seu vício começar cedo, ficará mais forte ao longo do tempo — vai ser mais difícil parar. Infelizmente, o cérebro adolescente especial também precisa ser protegido dos cigarros.

"Socorro! Eu não faço nada disso. Devo ser um chato!"

Na verdade, a maioria dos adolescentes não faz essas coisas. Esta é uma mensagem positiva, então. Embora seja muito preocupante quando os adolescentes correm esses riscos, devemos ficar animados diante do fato de que, em muitos países, a proporção de adolescentes que fumam, consomem bebidas alcoólicas, ficam embriagados e fazem uso de determinadas drogas vem caindo (embora outras drogas apresentem um nível preocupante de aumento em certos grupos). Em algumas comunidades, a atividade sexual está aumentando, e isso é particularmente preocupante se for motivada por álcool, pornografia online ou pressão indevida para agir de determinado modo por parte do grupo do qual você faz parte. Mas tomar a decisão de não se envolver com nenhuma dessas atividades não faz de você um chato: torna você mais forte, consciente, focado e no controle.

Você tem um cérebro incrível e apenas uma vida: opte por cuidar bem deles.

> Em 2018, na Inglaterra, apenas 6% dos jovens de 11 a 15 anos consumia álcool pelo menos uma vez por semana (comparado a 20% em 2003) — portanto, 94% não faz isso.[50]

Correr riscos não tem a ver com coragem, mas com julgamentos e decisões. Pessoas inteligentes e sensatas só agem depois de refletir sobre as consequências e determinar se a dor ou o risco valem o prazer ou o sucesso resultante. Às vezes não valem, portanto, não se deve correr o risco. Você pode achar que é um chato por não fazer as coisas que metem seus amigos em encrenca, mas existem muitas outras formas de ser dinâmico, ousado e bem-sucedido.

Às vezes, dizer não a alguma coisa é igualmente arriscado e difícil, e exige a mesma coragem, se você está correndo o risco de perder o status em um grupo ou ficar de fora de uma atividade. E, se você não faz todas essas coisas, talvez seja porque amadureceu cedo, seu córtex frontal é extremamente inteligente e já está tomando todas as decisões certas. Você acabou de escapar do estágio de experimentação pelo qual seus amigos ainda estão passando. Você cresceu mais rápido.

"Ei! Eu faço todas essas coisas. Sou muito descolado!"

Algum grau de risco, como vimos, é necessário ao aprendizado (e importante para a espécie humana em termos evolutivos). Ele também acrescenta um pouco de gosto à vida. Há muitas coi-

sas que você provavelmente diz a si mesmo para justificar suas atitudes imprudentes:
- todo mundo faz
- a juventude não dura para sempre
- isso (morte/prisão/vício) nunca vai acontecer comigo
- muitos adultos fumam/ficam bêbados/usam drogas/dirigem em alta velocidade
- é uma sensação maravilhosa

Até aí tudo muito bem, tudo muito natural. No entanto, em algum momento o bom senso precisa entrar em ação. Em algum momento você precisa assumir o controle da vida e admitir que suas ações têm consequências. A primeira delas pode ser o prazer, mas as pessoas inteligentes também antecipam as que vêm depois.

O que você pode fazer para ajudar seu cérebro adolescente afeito ao risco?

- Faça escolhas. Escolhas de verdade, não coisas que seus amigos ou as regiões emocionais do seu cérebro te forçam a fazer. Você pode obter sua dose de dopamina com muitas outras atividades emocionantes: esportes, montanhas-russas, skate, kart e trampolim... Tudo isso proporciona o mesmo pico de adrenalina.
- Opte por desafios em que haja o risco de fracassar, mas onde o sucesso seja efetivamente positivo: entrar para uma peça de teatro, montar uma equipe esportiva, fazer uma apresentação, candidatar-se a um curso competitivo. Para o seu cérebro, esses riscos são iguais aos riscos físicos, e podem proporcionar uma onda de dopamina e adrenalina. Corra atrás deles!

- Arrume confusão, se for preciso, mas faça isso de uma forma que não prejudique seu futuro, sua saúde nem outra pessoa. Caso contrário, você pode sobreviver para se arrepender. Se tiver sorte.
- Você já tem quase 17 anos? Parece que a tomada de decisões sensatas melhora por volta dessa idade. Você sobreviveu até aqui — está quase fora de perigo. Bom trabalho!

FATOS SOBRE O RISCO

- O álcool aumenta os níveis de dopamina no cérebro, tornando quem bebe mais propenso a buscar prazer e correr riscos.
- O estresse também afeta os níveis de dopamina e pode fazer você correr mais riscos.
- Comida, álcool, drogas e sexo aumentam os níveis de dopamina: são coisas que os humanos buscam por prazer. Comida e sexo são importantes para a sobrevivência da espécie humana — álcool e drogas, não.
- A pressão dos colegas e o comportamento de grupo afetam a relação dos adolescentes com o risco. Um estudo intitulado National Crime Victimization Survey, feito nos EUA em 2017, mostrou que quase 40% dos crimes cometidos por jovens de 12 a 20 anos foram cometidos por um grupo de duas ou mais pessoas. Para maiores de 30 anos, esse número é de cerca de 5%.[51]

Há recursos e fatos muito bons aqui:

Sobre álcool:

www.drinkaware.co.uk/check-the-facts/alcohol-and-the-law/the-law-on-alcohol-and-under-18s

https://alcoholeducationtrust.org/teacher-area/facts-figures/

Sobre drogas:

https://www.talktofrank.com/

Sobre consentimento sexual:

https://www.healthline.com/health/guide-to-consent#what-is-consent

Sobre imagem corporal:

Meu livro *Body Brilliant: A Teenage Guide to a Positive Body Image*

FAÇA O TESTE

O quanto você é propenso ao risco?

Eis um pequeno teste para avaliar seu desejo de correr riscos e buscar emoções fortes.

Leia os pares de afirmações a seguir e, para cada uma, circule **A** ou **B**, dependendo de qual das frases melhor descreve a forma como você pensa ou se sente. Se discordar de ambas as afirmações, escolha aquela que menos lhe desagradar. É importante dar uma resposta para cada item. Você deve ser honesto sobre seus sentimentos — não tem a ver com a resposta certa ou errada, mas com o que é verdade para você.

1   **A**   Gosto de festas alucinadas e sem limites.
       B   Prefiro festas tranquilas com uma boa conversa.

2   **A**   Não gosto de pessoas que fazem ou dizem coisas apenas para chocar ou incomodar os outros.
       B   Quando dá para prever quase tudo que uma pessoa faz ou diz, é porque ela é chata.

3   **A**   Normalmente, não gosto filmes em que consigo prever o que vai acontecer.
       B   Não me importo de assistir a filmes em que consigo prever o que vai acontecer.

4 A Não gostaria de experimentar nenhuma droga que possa provocar efeitos estranhos ou nocivos.
  B Gostaria de um dia experimentar algumas das drogas que provoquem alucinações.

5 A Uma pessoa sensata evita atividades perigosas.
  B Às vezes gosto de fazer coisas um pouco assustadoras.

6 A Gosto de experimentar comidas novas que nunca provei antes.
  B Gosto de comer sempre as mesmas coisas, porque assim não me decepciono.

7 A Gostaria de praticar esqui aquático um dia.
  B Não gostaria de praticar esqui aquático.

8 A Prefiro ter pessoas normais e comuns como amigos.
  B Gostaria de fazer amigos entre o pessoal mais "esquisito", como artistas ou pessoas que se vestem de um jeito diferente.

9 A Prefiro a superfície da água às profundezas.
  B Gostaria de praticar mergulho um dia.

10 A Gostaria de pular de paraquedas.
   B Jamais pularia de um avião, com ou sem paraquedas.

11 A Não tenho interesse numa experiência apenas pela experiência em si.
   B Gosto de ter experiências e sensações novas e emocionantes, mesmo que sejam um pouco assustadoras, incomuns ou ilegais.

12 A Para mim, uma boa obra de arte deve ser limpa e equilibrada, e suas cores devem combinar bem.
   B Costumo apreciar as cores conflitantes e as formas irregulares da arte moderna.

13 A Gosto de passar o tempo no ambiente familiar da minha casa.
   B Fico muito inquieto e entediado se tenho que ficar em casa por muito tempo.

14 A Gosto que meu namorado/minha namorada seja fisicamente excitante.
   B Gosto que meu namorado/minha namorada compartilhe dos meus valores e interesses.

15 A O pior pecado no convívio com os amigos é ser grosseiro.
   B O pior pecado no convívio com os amigos é ser entediante.

16 A Uma pessoa deve ter ampla experiência sexual antes do casamento.
   B É melhor que duas pessoas comecem sua experiência sexual ao casar.

17 A Gosto de pessoas perspicazes e espirituosas, mesmo que às vezes insultem os outros.
B Não gosto de pessoas que se divertem às custas dos sentimentos dos outros.

18 A Os filmes normalmente têm muitas cenas de sexo.
B Gosto de assistir à maioria das cenas mais picantes dos filmes.

19 A As pessoas devem se vestir de acordo com algum padrão de gosto, organização e estilo.
B As pessoas devem se vestir de maneira individual, mesmo que o resultado às vezes seja um pouco esquisito.

20 A Praticar esqui é uma ótima forma de ir parar no hospital.
B Acho que eu iria gostar da sensação de esquiar muito rápido por uma montanha íngreme.

RESULTADO

O teste não analisa simplesmente um tipo de relação com o risco. Na verdade, existem quatro aspectos sendo analisados. Vamos tratar de um deles de cada vez.

BUSCA POR EMOÇÃO E AVENTURA — Mede o quão disposto você está a fazer coisas que podem ser fisicamente perigosas, como montanhismo. Uma pontuação alta sugere que você gosta de algumas das coisas que geralmente consideramos arriscadas ou perigosas.

Marque um ponto de busca por emoção e aventura para cada resposta **5B, 7A, 9B, 10A, 20B. Total: __ de 5**

BUSCA POR EXPERIÊNCIAS — Mede o quanto você está disposto a experimentar coisas novas e se diferenciar dos outros, talvez seguindo regras próprias. Uma pontuação alta significa que você está ansioso por novas experiências, mesmo que um pouco arriscadas, mas não necessariamente perigosas.

Marque um ponto de busca por experiência para cada resposta **4B, 6A, 8B, 12B, 19B. Total: __ de 5**

DESINIBIÇÃO — Mede o quão importante você acha que é não ter inibições em situações sociais, como festas. Inibição é algo dentro de você que o impede de fazer coisas que podem ser divertidas por achar que é errado ou arriscado demais. Uma pontuação alta sugere que você gosta de agir de forma desinibida em situações sociais e talvez goste de "se deixar levar".

Marque um ponto de desinibição para cada resposta **1A, 11B, 14A, 16A, 18B. Total: __ de 5**

SUSCEPTIBILIDADE AO TÉDIO — Mede a facilidade com que você fica entediado diante de experiências repetidas ou pessoas previsíveis. Uma pontuação alta significa que você fica entediado com facilidade.
Marque um ponto de suscetibilidade ao tédio para cada resposta **2B, 3A, 13B, 15B, 17A. Total: _ _ de 5**

Você também pode somar suas pontuações em cada um dos quatro aspectos, para ter uma visão geral de como você se sente diante do risco de modo geral. Qual o seu resultado em comparação aos seus amigos?

Agradecimento: este teste é da Escala de Busca de Sensação (SSS-V). Foi criado pelo dr. Marvin Zuckerman, da Universidade de Delaware. O teste original tem 40 questões. Foi reproduzido e abreviado aqui com sua gentil permissão. O texto foi ligeiramente alterado para se adaptar ao público adolescente.

CAPÍTULO CINCO

Meninas e meninos — corpos diferentes, cérebros diferentes, comportamentos diferentes?

"O que importa não é o tamanho —
é o que você faz com ele."

Conheça este grupo de jovens de 15 anos. É o primeiro dia de aula depois das férias, então eles têm muito o que colocar em dia. Há uma garota nova, também...

"E aí, Sanjay!"

"Ei, Johnno!"

Sanjay dá um tapa nas costas de Johnno e vira a mochila dele de cabeça para baixo. Johnno mergulha em direção à mochila e a agarra no momento em que o conteúdo está prestes a cair, com toda a habilidade, e ao mesmo tempo ataca Sanjay com o pé, que desvia e pula em cima de uma cadeira.

"Ei, Sanjay!", grita outro estudante.

Há um grupo de meninas em um dos cantos da sala de aula. Uma delas está com as pernas apoiadas no colo de outra. Uma está passando batom nos lábios da amiga. Elas se sentam juntas e encostam umas nas outras com frequência.

E há alunos e alunas sentados sozinhos ou em dupla. Eles evitam o barulho do grupo, preferindo mexer no celular ou conversar em voz baixa. Alguns deles parecem estar ultrapassando os limites da política de uniforme, seja com adereços, maquiagem ou cabelo, e alguns se adaptam à moda típica de meninos e meninas, enquanto outros, não.

A porta abre de súbito, e Leroy entra como se lançado por uma catapulta.

"Vocês têm que ver isso!", grita ele, apontando para trás com uma expressão exagerada de choque. A maioria dos alunos olha em direção à porta.

Tommo entra todo convencido, pronto para ser admirado. Seu cabelo definitivamente vai lhe causar problemas — a faixa laranja significa que ele não tem como passar despercebido pelo diretor. Mas se meter em encrenca é um pequeno preço a pagar pela atenção que vai receber dos colegas. Tommo é alto e ficou mais forte durante as férias, o que o deixa muito feliz.

O barulho que os meninos fazem é extremo. As meninas imediatamente levam à mão à boca, mas logo desviam os olhos, já entediadas, ou pelo menos não preparadas para dar a Tommo a atenção que ele quer e que geralmente recebe.

Os meninos fazem uma rodinha e o arrastam para a lateral da sala. Tommo atrai todas as atenções. Ele está se exibindo como um pavão.

A porta se abre novamente.

"Ei! Caroline!", grita uma menina, e a maioria dos meninos se vira, inclusive Tommo. Caroline está com uma garota desconhecida. Alta, longos cabelos loiros, rosto perfeito etc. Pernas que parecem infinitas.

Todo mundo olha para ela. Caroline a leva até o grupo das meninas.

"Ei pessoal, essa aqui é a Sasha. Sasha, essa é a Cherry, a Lara, a Aisha, a Georgie e essa aqui é a Sarah, com o piercing que vão mandar ela tirar. Ah, aqueles lá são os meninos, obviamente. Digam oi para a Sasha, rapazes."
"Olá, Sasha", respondem eles em coro, algumas das vozes subitamente mais agudas. Todos querem dizer mais alguma coisa, mas ninguém consegue. Em vez disso, Sanjay pega o celular e Johnno começa a remexer em sua mochila. Há uma boa quantidade de empurrões.
Por fim, Tommo consegue falar.
"Oi, Sasha."
Sasha olha para ele sem expressão e enfia a mão na mochila com um movimento lento e deliberado. Seus movimentos são suaves, eficientes e relaxados. Não parece estar muito preocupada, no entanto, sabe que todos estão olhando para ela. Depois de alguns instantes, ela pega um objeto e o coloca na palma da mão. É um cubo rosa-cereja com menos de 10 centímetros quadrados, com duas coisas azuis que parecem olhos. Ela aperta um botão.
Sasha se vira para Tommo.
"Qual o seu nome?"
Há um burburinho entre os meninos.
"Tommo", resmunga ele. Será que está começando a corar?
Sasha se vira para o cubo e o aponta para Tommo.
"Oberon, esse é Tommo."
"Olá, Tommo", diz o cubo, parecendo fixar os olhos em Tommo.
"Oberon, o que você pode nos dizer sobre o tamanho do cérebro do Tommo?"

Depois de algum tempo, ele fala:

"Não tenho essa informação. O tamanho do cérebro é irrelevante: o que importa é o que você faz com ele."

Uma gargalhada alta explode entre os meninos, mais alta do que o necessário.

"Obrigada, Oberon." Sasha olha Tommo de cima a baixo. Ele se esforça para ter algo a dizer.

"Presente de Natal bacana. Mas muito rosa. Pro meu gosto."

"Na verdade, eu que fiz. Projeto de férias. Provavelmente enquanto você estava no cabeleireiro."

Uma espécie de zumbido emerge na sala, como se estivessem pegando fôlego. Um dos meninos diz:

"Uau!"

Sasha continua:

"De qualquer forma, cabelo bacana, mas muito laranja. Pro meu gosto. Você estava tentando descolorir? Não devia ter peróxido de hidrogênio suficiente na mistura para um cabelo escuro como o seu. Mas você pode corrigir isso com um tonalizante azul, se quiser. Cores opostas se anulam."

Ela caminha até as meninas e elas a recebem no grupo. Esse é o tipo de garota de quem querem ser amigas. Sejamos francos, esse é o tipo de garota que querem ser. Tommo tenta fingir que não ficou para baixo.

Johnno bate no ombro dele.

"O que importa não é o tamanho, Tommo — é o que você faz com ele!"

E todos ficam rindo até a professora chegar.

O que está acontecendo no cérebro desses jovens?

Há muito tempo que os cientistas debatem se os cérebros e os comportamentos de homens e mulheres são especificamente diferentes, e, caso *existam* diferenças, se essas diferenças são inteira ou majoritariamente biológicas, ou majoritariamente ambientais. É o debate "inato ou adquirido".

Sabemos que o nosso ambiente e as nossas experiências — tudo, grande ou pequeno, que acontece conosco desde o momento em que nascemos — fazem uma diferença física no nosso cérebro, e, portanto, no nosso comportamento. Mas isso, por si só, é capaz de explicar toda e qualquer diferença que parece existir entre os comportamentos típicos masculino e feminino? Ou será que existem também algumas diferenças que são decorrentes da nossa biologia, incluindo os cérebros, corpos e hormônios aos quais estamos sujeitos desde antes do nascimento e ao longo de nossas vidas, incluindo as mudanças que acontecem a partir da puberdade?

Observe que, quando as pessoas falam sobre "diferenças entre cérebros", às vezes elas se referem a diferenças físicas visíveis, e, às vezes, a diferenças no funcionamento do cérebro. São duas coisas distintas.

Não há um consenso entre os cientistas se existem diferenças mensuráveis significativas entre os cérebros masculinos e femininos, nem sobre a força relativa do inato e do adquirido. Alguns defendem com vigor que existem diferenças interessantes desde o nascimento, que podem ser medidas, testadas em laboratórios e observadas nas ressonâncias magnéticas de homens e mulheres comuns de todas as idades — que a natureza ou a biologia têm um papel em todas as diferenças.

Outros dizem que todas as diferenças foram supervalorizadas, ou mal interpretadas, ou simplesmente surgiram pelas diferentes formas como meninas e meninos são frequentemente tratados à medida que crescem — que a criação ou a experiência são totalmente, ou quase, responsáveis por quaisquer diferenças que existam.

Durante grande parte do século XX, a maioria dos especialistas acreditava que era principalmente a educação, ou a sociedade e a experiência, que provocava qualquer diferença, e que os cérebros de meninos e meninas eram basicamente os mesmos. Mas havia um problema: as primeiras investigações do cérebro representavam algum risco para o paciente, de modo que só podiam ser realizadas quando as pessoas precisavam da intervenção por causa de alguma doença. Então, no final do século XX, o advento da imagem por ressonância magnética funcional (fMRI, na sigla em inglês) significou que os cientistas poderiam escanear cérebros saudáveis, e assim ver diferenças que eles achavam que não poderiam ser *inteiramente* explicadas pelo que acontece conosco durante as nossas vidas, incluindo a forma como éramos vestidos, se nos davam bonecas ou caminhões para brincar, e por quais atitudes recebíamos elogios ou recompensas.

Minha crença, depois de ter consultado ainda mais pesquisas para esta edição, é que o inato e o adquirido estão entrelaçados de forma tão intricada que é difícil dizer qual dos dois exerce o maior efeito. Acredito que ambos nos afetam. O que acontece *conosco* desde o nascimento exerce uma força poderosa em nosso comportamento e nossas habilidades. Mas a biologia também é uma força poderosa, e os papéis dos genes e dos hormônios — que são diferentes entre homens e mulheres e também entre cada indivíduo — não podem ser ignorados.

Para esta edição, tomei duas atitudes: primeiro, atualizei os dados científicos e deixei claro onde há divergências. Há muito material de ambos os lados do debate e as coisas mudam o tempo todo, então, além de algumas referências neste livro que servem de ponto de partida, você vai encontrar outras mais no meu site, na seção *Blame My Brain*, ou simplesmente usando a internet e procurando por artigos acadêmicos. Recomendo que você tente ler cientistas de ambos os lados do debate e ir além das manchetes. Segundo, conversei com alunos e professores para incluir suas experiências de vida. E alunos e professores, em sua maioria, enxergam diferentes comportamentos típicos entre meninas e meninos. Portanto, se alguns cientistas e outros profissionais não acreditam nas diferenças, mas professores (que lidam com mais adolescentes do que qualquer outra pessoa) vivenciam e testemunham diferenças, então vale a pena levar isso em conta.

Sexo ou gênero?

Este é um tema muito importante, e nem todos estão de acordo em relação a como devemos falar sobre isso. Você também vai querer saber onde as pessoas transgênero entram nesse debate. A resposta para isso é que cada pessoa que lê este livro tem a liberdade de decidir o que se aplica e o que não se aplica a si.

Uma distinção que algumas pessoas (inclusive eu) fazem é que "sexo" descreve a biologia — as características sexuais e o sistema reprodutivo, incluindo os hormônios — que normalmente leva alguém a crescer como homem ou mulher. "Gênero" descreve como você se identifica e se sente em relação a si mesmo, como homem ou mulher, ou em algum ponto nessa escala, caso não se enquadre em uma posição "binária" ("binário" significa "ou isto, ou aquilo"). Algumas pessoas com características sexuais masculinas (ou femininas) não se identificam como homem (ou mulher). Se isso se aplica a você, sugiro que procure adultos de confiança para falar sobre suas impressões e seus sentimentos em relação a esta questão.

Uma pessoa intersexo (nascida com características físicas que tornam difícil ou impossível de ser identificada como homem ou mulher no momento do nascimento) pode se identificar com qualquer gênero futuramente.

Isso significa que os comentários neste livro sobre cérebros ou comportamentos "masculinos" ou "femininos" podem ser algo com o qual você ache difícil se identificar, em termos pessoais. Ou, talvez, ache muito interessante ter oportunidades de entender como muitas pessoas se sentem, incluindo algumas que podem experimentar o mundo da mesma forma que você, e outras, não. Espero que possa ler este capítulo sem se sentir julgado nem rotulado: você pode decidir quais partes se aplicam ou não a você. Ainda que pareça haver regras e expectativas sobre como homens ou mulheres *devem* se comportar, você não precisa se submeter a elas.

O objetivo deste livro é se concentrar na biologia do cérebro e do comportamento humano, e não dizer como você deve agir. Quando me refiro a "masculino" ou "feminino", refiro-me às características ou comportamentos típicos observados e associados ao sexo biológico, não à identidade de gênero, embora muitas vezes estes coincidam.

Um lembrete sobre médias

Lembre-se sempre de que as afirmações sobre os cérebros masculino e feminino têm a ver com médias — descobertas ou comportamentos típicos comuns. Elas não significam que todo cérebro masculino ou todo cérebro feminino se comporta de uma determinada forma; existe um alto grau de sobreposição. Independentemente de qualquer coisa, você é uma mistura única de genes, hormônios, sentimentos e experiências.

Observe também que, quando os cientistas encontram e falam sobre diferenças cerebrais, elas costumam ser muito pequenas. Alguns diriam que são pequenas demais para serem interessantes. Mas essas pequenas diferenças podem levar a diferenças maiores de comportamento ou ação, de formas que ainda não entendemos. O cérebro de Einstein, por exemplo, não parece ter sido diferente dos outros em tamanho ou aparência em termos mensuráveis (embora isso não esteja confirmado), mas o que ele conseguiu fazer com seu cérebro foi único em relação à maioria das pessoas.

Por fim, alguns cientistas defendem que até mesmo usar termos como "cérebro masculino" ou "cérebro feminino" é enganoso, porque existe um alto grau de variação entre os indivíduos, não importa o sexo. Acredito que vale a pena falar sobre isso, desde que também reconheçamos o poder da individualidade humana. Não há nada no cérebro de uma pessoa que a torne mais valiosa do que qualquer outra. O que importa é o que você faz com ele!

Uma palavra sobre neurossexismo

Neurossexismo foi um termo cunhado por Cordelia Fine, autora do livro *Homens não são de Marte, mulheres não são de Vênus*.

Fine argumenta que as evidências científicas sobre as diferenças entre cérebros femininos e masculinos são fracas e confusas, e que a pesquisa é influenciada e tende ao neurossexismo. Neurossexismo é uma ideologia que acredita que os cérebros das mulheres são, por natureza, menos aptos em certas habilidades (aquelas que mais frequentemente associamos a administrar empresas e trabalhar com engenharia, por exemplo), e melhores em outras (como cuidar de crianças e pessoas em geral). Uma crença neurossexista seria a de que as mulheres tendem a escolher papéis de cuidadoras, como enfermagem e criação de filhos, porque, biologicamente, seus cérebros as fazem ser melhores nisso.

Concordo que é inútil e equivocado adotar uma crença fixa de que "meninas *são* melhores em A, B e C, e meninos *são* melhores em X, Y e Z". Em primeiro lugar, essa crença falha em perceber as amplas diferenças em termos individuais. Em segundo, falha em admitir que podemos melhorar qualquer habilidade por meio da prática. Em terceiro, não leva em consideração que homens ou mulheres podem ser igualmente bons em qualquer coisa se forem educados de forma mais flexível. Por fim, obviamente, não leva em conta que as diferenças podem ser geradas pela sociedade, pelos pais e pela formação, não pela biologia.

Por outro lado, se *existem* diferenças biológicas típicas, sem dúvida gostaríamos de saber quais são, para que *possamos de fato* abordá-las e oferecer condições equilibradas a todos. Dessa forma, vamos manter a mente aberta. Lembre-se de que, embora este capítulo se proponha a explorar e debater quaisquer diferenças biológicas que existam entre os sexos, isso não dita a forma como você *tem* que se comportar. Seja qual for o seu sexo, você pode escolher seus próprios caminhos ao longo da vida e tornar-se hábil no que quiser.

Que diferenças cerebrais e comportamentais alguns cientistas encontraram?

Lembre-se de que, em todos os exemplos abaixo, não apenas estamos falando de médias, como também nem todos os estudos estão de acordo e as diferenças aferidas geralmente são muito pequenas. São possibilidades — mas possibilidades comumente aceitas. Elas podem mesmo ser biológicas; podem ser provocadas pelo ambiente; ou podem não ser estatisticamente significativas.

OBSESSÃO COM DETALHES E SISTEMAS — Simon Baron-Cohen, em seu fascinante livro *Diferença essencial*, fala sobre o "cérebro sistematizador" do homem típico e a ideia de que um homem tem, em média, maior interesse do que uma mulher típica em coisas como listas, estatísticas e o funcionamento de sistemas.

Baron-Cohen é um dos principais especialistas em transtornos do espectro autista, e um dos aspectos do comportamento autista típico é a paixão por detalhes, listas, estatísticas e fatos. Ele fala sobre o autismo como um conjunto extremo de comportamentos do cérebro masculino. Isso faz parte da teoria do "Cérebro Masculino Extremo", que, apesar de frequentemente contestada, também foi respaldada por algumas evidências — por exemplo, em um estudo bem amplo (com 700 mil pessoas) feito em 2018.[52]

O autismo é diagnosticado com mais frequência em homens[53] do que em mulheres, embora também seja possível que o autismo em mulheres seja um pouco diferente e, portanto, mais facilmente ignorado. Além disso, a teoria do cérebro masculino extremo parece muito menos clara à luz dos novos insights que estão levando mais mulheres a serem diagnosticadas com o distúrbio, muitas vezes mais tarde na vida. Ao mesmo tempo, se o autismo nas mulheres em geral se manifesta de forma diferente, isso por si só dá respaldo (mas não comprova) à tese de que os cérebros masculino e feminino têm algumas diferenças.

Mas os meninos e os homens em geral tendem a se interessar mais por listas e sistemas do que as mulheres? Os professores e alunos com quem conversei não estão convencidos disso. Será que os pais costumam proporcionar brinquedos e atividades baseados em fatos e sistemas para os meninos porque *esperam* que eles se interessem mais por isso? Basta olhar as lojas de brinquedos para ver como meninas e meninos são direcionados a determinados brinquedos. Se não pararmos de ouvir que "meninos são melhores em exatas" ou até mesmo que "meninos gostam mais de assuntos de exatas", vamos ver como alguns adultos serão impelidos a comprar brinquedos baseados em ciências exatas para meninos. Se muitos meninos ganharem mais brinquedos desse tipo do que meninas, eles se vão se tornar melhores e mais confiantes nessas atividades. Cada vez que um menino for elogiado por construir alguma coisa e uma menina for elogiada por ser gentil e cuidadosa, isso será reforçado.

HABILIDADES E VÍNCULOS SOCIAIS — Alunos e professores com quem conversei concordaram de forma esmagadora que as meninas parecem tocar mais umas nas outras, inclusive no sentido de cuidado pessoal, e usar elogios para criar e consolidar amizades. Os meninos costumam brincar de briga, tocar uns aos outros em contexto de agressão (seja simulada ou não), e são menos propensos a usar uma linguagem de apoio emocional entre eles. É possível que essas diferenças venham do que é recompensado ou criticado.

EMPATIA — Simon Baron-Cohen fala sobre o "cérebro empático" da mulher média. A capacidade de se colocar no lugar de outra pessoa e entender o que ela está sentindo é uma habilidade em que as mulheres parecem se sair melhor, em média,[54] e essa é uma das descobertas mais consistentes na lista de possíveis diferenças entre os sexos. Isso não significa que toda mulher seja melhor que todo homem, apenas que, estatisticamente, é mais provável que elas tenham uma pontuação alta em um teste como o da página 72. Mais uma vez, é possível que muitas mulheres sejam melhores nisso por receberem elogios e oportunidades de praticar essa habilidade.

Alguns estudos de menor porte revelaram que ministrar **testosterona** a mulheres reduziu seus índices de empatia.[55] (A testosterona é o hormônio sexual que geralmente é muito mais elevado em homens.) Mas isso pode não ser significativo, e quando foi ministrada testosterona extra a homens, isso não provocou nenhuma diferença no grau de empatia deles.

ELABORAÇÃO DE MAPA MENTAL — Tem havido muitos estudos analisando se os cérebros masculinos e femininos operam de maneira diferente em termos de localização.[56] Ao descrever ou recordar como chegar a um determinado lugar, acredita-se que os cérebros femininos se lembrem de pontos de referência e descrições, enquanto o cérebro masculino é mais propenso a elaborar um mapa mental e dar orientações que envolvam distâncias e instruções do tipo esquerda/direita. Os homens também são, em média, melhores em estimar tempo e distância e "rotação mental": em visualizar formas de diferentes ângulos. Mais uma vez, é possível que essas habilidades sejam simplesmente mais praticadas pelos meninos, com base nos brinquedos que ganham desde pequenos.

HABILIDADES VERBAIS — Meninos e homens geralmente têm mais dificuldade em se expressar e se explicar com palavras, e têm problemas em aprender a usar a linguagem com mais frequência.[57] Meninas e mulheres tendem a usar um vocabulário mais amplo, ser mais articuladas e usar uma gramática mais complexa. Meninos e homens são mais propensos à disfemia (gagueira), ao sigmatismo (língua presa) e outros tipos de problemas de linguagem, incluindo a dislexia.

Muitas vezes se sugere que as mulheres recorrem a áreas do cérebro diferentes do que os homens ao usar a linguagem — descobriu-se que elas usam os dois hemisférios de forma mais equilibrada, enquanto os homens tendem a usar muito mais o esquerdo. Pode haver alguma verdade nisso, mas uma revisão feita em 2018[58] a partir de um enorme corpo de pesquisa concluiu que, embora essa diferença pareça existir, ela não explica por que os homens têm vantagem na criação de mapas mentais e as mulheres, nas habilidades verbais.

E lembre-se: em relação a todos os conjuntos de habilidades citados, se existem mesmo diferenças entre homens e mulheres, é bem possível que elas tenham sido criadas, ou pelo menos alimentadas, pela forma como os adultos costumam tratar meninos e meninas de maneira diferente desde o nascimento.

Eis algumas diferenças que muitos pesquisadores identificaram:

HOMENS, EM MÉDIA

- são mais propensos a gaguejar e hesitam mais durante a fala
- são mais propensos a ter dislexia
- são mais propensos a serem diagnosticados com transtorno do espectro autista
- são mais propensos ao homicídio: o assassinato de homens por homens é 30 a 40 vezes mais comum do que o de mulheres por mulheres
- são melhores em avaliação espacial — e em arremessar e mirar
- são melhores em detectar pequenos movimentos
- são menos propensos a serem tratados para depressão, mas mais propensos a morrer por suicídio
- são mais propensos a exibir irritação como sintoma de depressão
- são mais propensos a ter síndrome de Tourette, doença de Parkinson, esquizofrenia e transtorno de déficit de atenção com hiperatividade (TDAH)

MULHERES, EM MÉDIA

- atingem mais cedo marcos de desenvolvimento
- usam mais palavras, frases mais extensas e gramática mais complexa
- são melhores em perceber pequenas diferenças de padrão, imagem ou cor

- navegam usando pontos de referência, em vez de mapas mentais
- são menos propensas a correr riscos
- são mais propensas à depressão e a tentativas de suicídio
- são mais propensas a ter enxaquecas, esclerose múltipla e doença de Alzheimer

Problemas ou desafios cerebrais

Os homens são mais propensos a ter: autismo, dislexia, dificuldades de linguagem, daltonismo, esquizofrenia, TDAH, síndrome de Tourette e doença de Parkinson. É mais difícil para eles se recuperarem de lesões cerebrais como derrames.

As mulheres são mais propensas a ter enxaquecas, esclerose múltipla e doença de Alzheimer (entretanto, esta última é de modo geral uma doença da velhice, e as mulheres, em média, vivem mais, logo as chances de desenvolvê-la podem ser maiores por esse motivo). Por outro lado, as mulheres tendem a reter a memória melhor do que os homens na terceira idade, embora a menopausa às vezes também tenha efeitos negativos.

O CÉREBRO ADOLESCENTE MASCULINO E FEMININO

Diferenças que os pesquisadores detectaram entre os cérebros de meninas e meninos adolescentes:
- a amígdala cresce mais rápido em meninos
- o hipocampo cresce mais rápido em meninas
- o **cerebelo** é 14% maior nos meninos do que nas meninas
- os **gânglios basais** são maiores nas meninas
- em geral, as meninas tendem a atingir cada etapa de desenvolvimento mais cedo do que os meninos

O CÉREBRO ADOLESCENTE MASCULINO E FEMININO

os gânglios basais são várias estruturas situadas nesta área

a amígdala cresce mais rápido em meninos

o hipocampo cresce mais rápido em meninas

o cerebelo é 14% maior no cérebro dos meninos

E daí? Bem, talvez, nada. Mas você também pode reparar que a amígdala é majoritariamente responsável por emoções primárias instantâneas, como a raiva; o hipocampo é crucial em muitas tarefas de memória; o cerebelo é extremamente importante para a coordenação motora; os gânglios basais ajudam o córtex frontal a funcionar de forma adequada (e também são muito menores em pessoas com síndrome de Tourette e TDAH).

Hormônios sexuais

Os hormônios são um conjunto de substâncias químicas presentes em nossos corpos, e muitos deles são produzidos no cérebro. Afetam inúmeros aspectos das nossas vidas — desde como nos sentimos até se desenvolvemos características sexuais masculinas ou femininas. Desempenham um papel enorme e fundamental nas diferenças entre os sexos, começando pelo tempo que passamos no útero.

Quando um espermatozoide fertiliza um óvulo, o embrião sempre começa como uma fêmea. Durante a sexta ou sétima semana, os hormônios entram em ação, transformando o embrião em macho ou mantendo-o fêmea. Meninos — houve um tempo em que vocês foram mulheres!

Os principais hormônios sexuais são a testosterona (predominante nos homens) e o **estrogênio** (predominante nas mulheres). Os homens têm uma pequena quantidade de hormônio feminino, e vice-versa. E existe um alto grau de diferenças individuais tanto entre os homens quanto entre as mulheres.

Os hormônios não afetam apenas a forma como você se sente, mas também seu cérebro fisicamente, e acredita-se que estejam por trás de algumas diferenças sexuais observadas no órgão.

Os níveis hormonais mudam durante nossas vidas, com intensa atividade durante a puberdade, quando as diferenças entre homens e mulheres se tornam mais visíveis. Eles também mudam de acordo com as estações do ano e, nas mulheres, durante o ciclo menstrual.

ESTROGÊNIO — Um dos efeitos do estrogênio é que ele aumenta os níveis de dopamina. A dopamina pode fazer o mundo parecer mais positivo, alegre — mas também pode torná-lo mais sombrio, mais triste. Pode provocar alterações de humor. No entanto, é importante registrar que nem todas as mulheres têm mudanças de humor, e nem todas as mudanças de humor estão relacionadas a hormônios sexuais. Além disso, os homens também têm mudanças de humor.

TESTOSTERONA — O aumento na testosterona pode provocar comportamentos mais agressivos. Estudos demonstraram que a testosterona aumenta durante ou após a prática intensa de esportes,[59] principalmente se você estiver do lado vencedor (ou se estiver simplesmente torcendo pelo lado vencedor, como espectador). Imagine um gorila batendo no peito em uma demonstração agressiva de "olha só como eu sou forte e sensacional" — é isso o que acontece em um homem saturado de testosterona.

Acredita-se que a testosterona (tanto em homens quanto em mulheres) seja a principal causadora da acne, e as grandes mudanças nos níveis hormonais nesse período ajudam a explicar por que adolescentes sofrem mais com isso do que outras faixas etárias. Se for o seu caso, consulte um especialista, pois existem tratamentos muito bons disponíveis com acompanhamento médico. Não fique tentado a experimentar medicamentos que não foram prescritos ou obtidos com um farmacêutico qualificado, pois eles podem ter efeitos colaterais graves e interferir em outros medicamentos ou condições. Ainda que um medicamento tenha sido prescrito a você, os efeitos colaterais podem ser graves e devem ser informados. Alguns medicamentos antiacne foram associados a pensamentos e atitudes suicidas.

Por que os cérebros de homens e mulheres podem ser diferentes?

TEORIA 1 — EVOLUÇÃO E BIOLOGIA

Temos que olhar para os primeiros humanos, novamente — papéis diferentes surgiram do fato inevitável de que as mulheres tinham bebês e os homens, não. As sociedades de caçadores-coletores dos primeiros humanos funcionavam melhor se os homens caçassem animais selvagens e as mulheres colhessem frutas e outras plantas perto de casa e tomassem conta dos bebês que geravam e alimentavam. (Repare que existem evidências de que esses papéis de gênero às vezes se invertiam.)

Os homens precisavam de força, da capacidade de percorrer longas distâncias e encontrar o caminho de volta, da habilidade de lançar armas com precisão e avaliar a velocidade de um animal em movimento. As mulheres precisavam saber a diferença entre plantas parecidas e lembrar quais eram venenosas ou não; elas criavam as crianças e lhes ensinavam habilidades; tinham que trabalhar juntas, em grupos sociais coesos, criar vínculos e alimentá-los; precisavam se dar bem umas com as outras. Além disso, os homens precisavam competir pelas mulheres, e não o contrário — porque um homem seria mais eficiente em transmitir seus genes se acasalasse com várias mulheres, enquanto uma mulher só poderia produzir um pequeno número de filhos, e, portanto, precisava ser muito exigente sobre com quem acasalava. As mulheres gastavam muita energia ao ter filhos (algumas coisas não mudam), diferentemente dos homens, então as mulheres tinham mais a perder e precisavam escolher um parceiro com mais cuidado.

Tudo isso pode estar ligado a muitas das diferenças que vemos hoje entre as habilidades masculinas e femininas. A tese aqui é a de que os nossos cérebros evoluíram de maneira diferente por causa dos diferentes papéis e necessidades de homens e mulheres, e, como a evolução é um processo lento, observamos essas diferenças até hoje.

Quando meu marido e eu vamos ao supermercado, agimos de maneira notavelmente semelhante aos caçadores-coletores: ele atravessa às pressas o mercado inteiro e volta triunfante com um item, antes de sair de novo às pressas atrás de outro. Eu vou e volto pelos corredores reunindo cuidadosamente tudo o que precisamos. Se cada um agisse por conta própria, ele teria um carrinho cheio de coisas aleatórias e provavelmente muito saborosas (embora caras), e eu teria um carrinho contendo todas as coisas chatas de que precisamos de verdade. Estamos mais bem vestidos do que os caçadores-coletores e meu marido não usa uma lança para pegar os biscoitos de chocolate, mas, em outros aspectos, pouca coisa mudou nos últimos 100 mil anos.

TEORIA 2 — AMBIENTE

Este é o lado "adquirido" do debate inato/adquirido. Não há dúvida de que meninos e meninas muitas vezes são tratados de forma diferente desde o primeiro dia. Então, se meninas e meninos são frequentemente tratados de forma diferente por muitas pessoas com quem lidam — desde pais e outros parentes até professores, desconhecidos e até outras crianças —, não surpreende que os comportamentos típicos masculino e feminino acabem sendo diferentes. E sabemos que tudo que acontece conosco altera um pouquinho o nosso cérebro. Também ocorre que as pessoas tendem a se adequar ao grupo a que pertencem ou às pessoas ao seu redor. Vejamos, por exemplo, todo o estereótipo "rosa/azul" para pertences de meninas/meninos, de roupas a brinquedos. Não há nada biológico que faça com que as meninas optem pelo rosa e os meninos pelo azul — é algo inteiramente imposto pela sociedade, pelas propagandas e pelo marketing. E, no entanto, muitas vezes as meninas escolhem roupas cor-de-rosa e os meninos, azuis. O que acontece nesse caso é que eles estão inconscientemente tentando se adequar. Em algum grau, precisam fazer isso para não ouvir provocações nem serem excluídos; em outro grau, querem sentir que são parte do grupo.

E não se trata apenas de algo trivial como rosa e azul: inevitavelmente, isso também vai envolver comportamentos. Assim, as meninas na cena de abertura geralmente imitam o comportamento de outras meninas e os meninos, o de outros meninos. E dessa forma nasce o comportamento de gênero. Podemos trabalhar para resolver essas diferenças de comportamento, mas não será fácil!

TEORIA 3 — É A FERTILIDADE

Eis aqui outra fascinante diferença entre homens e mulheres: meninas adolescentes começam a parecer mulheres adultas bem antes de serem totalmente férteis, mas meninos adolescentes são totalmente férteis muito antes de parecerem homens adultos. ("Totalmente fértil" refere-se a um estado biológico onde há maiores chances de concepção ou de se ter uma gravidez saudável.)

    Mulheres não são totalmente férteis até os 19 anos (embora seja possível engravidar muito antes disso), mas em geral desenvolvem sua forma feminina adulta antes disso. Enquanto isso, homens são totalmente férteis muito mais cedo, mas não aumentam em termos de músculos e maturidade óssea até mais tarde: eles ainda têm uma aparência mais ou menos pueril até os 18 anos, pelo menos.

Por que a natureza e a evolução fizeram isso? Nas culturas humanas primitivas, homens e mulheres adultos se sentiriam ameaçados por adolescentes totalmente férteis do mesmo sexo. E, caso se sentissem ameaçados, não dedicariam tanto tempo ensinando e dando apoio, e estariam mais propensos a se envolver em brigas e matá-los (no caso dos homens), ou excluí-las ou reprimi-las (no caso das mulheres). É o que acontece com muitos outros grupos de mamíferos, mas que importa menos com outros animais, porque a adolescência deles é curta e eles não precisam de muito aprendizado.

Logo, a tese é de que, entre os humanos primitivos, as fêmeas adultas não eram ameaçadas por meninas que se pareciam com mulheres, porque elas não eram totalmente férteis, e, então, não eram uma ameaça. Assim, as mulheres adultas tinham prazer em lhes ensinar habilidades sociais e como criar filhos. Ao mesmo tempo, os machos adultos não se sentiam ameaçados por meninos adolescentes porque estes pareciam inofensivos e fracos, então tinham prazer em lhes ensinar as habilidades de caça.

Como essas diferenças são relevantes para os adolescentes de hoje?

APRENDIZAGEM — Os professores comentam que os meninos tendem a tomar atitudes mais de última hora e que as meninas tendem a ser mais organizadas e agir com antecedência, então seria útil que os meninos que têm esse hábito o admitissem. Esta é provavelmente a diferença com a qual os professores mais estão de acordo em suas observações.

Eu não gostaria de recomendar métodos de ensino diferentes para meninos ou meninas, porque isso não ajuda nenhum aluno que não esteja de acordo com o comportamento da maioria. Mas tente perceber se você acha mais fácil aprender de forma "sistematizada" — por exemplo, aprendendo regras de gramática ao trabalhar com línguas —, ou se você aprende melhor quando tem exemplos práticos, quando conversa com outra pessoa ou quando decora fatos. Assim, poderá tirar proveito dessa percepção ao se dedicar mais ao método de sua preferência.

COMPORTAMENTO EMOCIONAL — Usamos o córtex pré-frontal para entender e controlar nossas respostas emocionais. Como as meninas, em média, atingem todos os estágios de desenvolvimento antes dos meninos, elas talvez tenham uma vantagem aqui. Os meninos podem levar mais tempo para desenvolver autocontrole. Por outro lado, qualquer pessoa de qualquer idade pode achar difícil controlar as emoções quando está sob estresse, e meninos e meninas precisam lidar bastante com isso. É provável que a personalidade, o ambiente, a família e os fatores de estresse individuais tenham um efeito maior nas emoções do que quaisquer diferenças de sexo ou de gênero.

SAÚDE MENTAL — Costuma-se dizer[60] que meninas e mulheres sofrem mais de ansiedade, depressão e outros problemas de saúde mental do que meninos e homens. Sem dúvida parece verdade que as mulheres recebem mais diagnósticos de doenças mentais. Mas é igualmente provável que elas se sintam mais à vontade para falar sobre os seus problemas, de modo que recebem ajuda mais cedo e são diagnosticadas com mais frequência, enquanto meninos e homens escondem seus problemas. E esconder seus problemas não é uma boa ideia!

Professores e alunos com quem conversei concordam bastante com essa ideia. Infelizmente, relataram que os meninos são menos inclinados a buscar ajuda, mas precisam de ajuda com a mesma frequência, e que, quando pedem ajuda a um adulto, correm o risco de sofrerem provocações de outros meninos. (Os adultos podem fazer muitas coisas para frear essa postura inútil.) Eles também relataram que as meninas dão mais apoio umas às outras e estão mais dispostas a compartilhar seus sentimentos com as amigas. Vamos lá, rapazes — vocês também conseguem!

COMPORTAMENTOS DE RISCO — Os meninos parecem correr mais riscos, e dos mais perigosos, incluindo não usar cinto de segurança no carro ou capacete ao andar de moto, dirigir embriagado e cometer crimes. Os riscos que as adolescentes parecem correr mais do que os meninos incluem a prática do jejum, o uso de laxantes ou indução do vômito para perder peso, o uso de remédios para emagrecer e não praticar exercícios físicos.

Estar ciente dos diferentes riscos que meninos e meninas correm deve afetar o tipo de educação social que pais e professores oferecem. Meninos e meninas não são iguais — seja por natureza ou por criação —, e podem precisar de conselhos e estratégias diferentes. Mas, assim como acontece em outros aspectos deste mesmo tópico, observar as diferenças individuais pode ser mais útil do que fazer previsões de acordo com sexo ou gênero.

MUDANÇAS CORPORAIS — A observação que fiz anteriormente sobre as meninas se parecerem com mulheres antes de os meninos começarem a se parecer com homens é relevante: às vezes isso significa que as meninas acham que estão gordas porque a aparência corporal geralmente muda muito rapidamente. Quando o corpo muda além do nosso controle, pode ser algo desconcertante e até mesmo angustiante. Também pode ser angustiante quando seu corpo *não* muda da maneira que você deseja ou da mesma forma que os corpos dos seus colegas.

Infelizmente, tanto meninas quanto meninos muitas vezes ficam muito sensíveis em relação ao próprio peso, e um número preocupante de crianças, algumas com menos de 10 anos, já tentaram fazer dieta. (Alguns estudos dizem que até 80% das meninas de 10 anos já fizeram dieta. Os meninos também fazem dieta, mas é mais comum entre as meninas.) Um dos grandes riscos de uma dieta restritiva é o desenvolvimento de distúrbios alimentares, como **anorexia nervosa** ou **bulimia**. Mas, mesmo que não gere condições médicas graves, fazer uma "dieta" implica o risco de comprometer a saúde a longo prazo, devido à carência de nutrientes. As meninas têm uma necessidade particular de cálcio, para formar ossos fortes, e de ferro, porque perdem sangue rico em ferro durante os períodos menstruais.

Para os meninos, às vezes o problema é tentar perder peso, e nesse caso eles também encaram riscos à saúde. Mas às vezes os meninos também tentam desenvolver os músculos da parte superior do corpo. Com isso em mente, podem mudar a dieta e ficar obcecados com exercícios específicos. O problema é que, até que atinjam o estágio apropriado de desenvolvimento biológico e produção de testosterona, eles *não têm* como desenvolver esses músculos. Isso pode levar a uma obsessão doentia com o corpo, que envolve a busca por um corpo adulto antes que isso seja naturalmente possível.

Uma coisa com a qual é difícil de lidar, tanto para meninos quanto para meninas, pode ser o desenvolvimento muito precoce ou muito tardio em relação a outras pessoas da mesma idade. Para as meninas, o desenvolvimento precoce pode ser empolgante, mas também pode levar a uma preocupação maior com a imagem e, às vezes, ele está relacionado à uma exposição aos riscos, como a experimentação sexual.

Para os meninos, o desenvolvimento físico precoce pode trazer benefícios — esses meninos podem se tornar mais populares e conquistar posições de liderança; a desvantagem é que os adultos podem esperar que eles também sejam avançados em termos de desempenho escolar, o que é pouco provável que aconteça, porque o córtex frontal ainda não está maduro e pode se desenvolver mais tarde do que o da maioria das meninas.

GRANDE E DESAJEITADO — Há bastante tempo que os pais perceberam que os adolescentes costumam ser extremamente desajeitados. Eles podem deixar cair coisas, tropeçar e agir de modo descoordenado. Os adultos sempre explicam isso dizendo: "Bem, não é surpresa nenhuma — todo esse crescimento repentino significa que seus cérebros não conseguem acompanhar seus braços e pernas."

A verdadeira razão científica talvez não seja muito distante disso. Uma das áreas do cérebro que mais cresce na adolescência é o cerebelo, que é muito importante para o controle dos movimentos. Pode ser que o cérebro recém-desenvolvido simplesmente não tenha se reprogramado adequadamente após esse crescimento repentino.

Meninos e meninas adolescentes em geral têm um surto de crescimento que dura cerca de um ano. Os meninos crescem em média 10 centímetros e as meninas 9 centímetros durante esse período. As meninas têm esse surto de crescimento em média dois anos antes que os meninos. Durante o surto de crescimento, o peso também aumenta, devido principalmente aos músculos nos meninos e à gordura nas meninas. Mais uma vez, essas diferenças entre meninos e meninas podem causar problemas na aceitação do novo corpo. A questão da autoimagem pode agravar a postura desajeitada, porque a preocupação com a imagem ocupa a capacidade de processamento cerebral, tornando mais difícil se concentrar no que seu corpo está fazendo.

O estresse também pode fazer com que o adolescente se torne desajeitado, e adolescentes costumam sentir mais estresse do que outros grupos etários. Os adultos também podem se sentir mais desajeitados ou esquecidos em momentos de estresse — portanto, pode não ser algo exclusivo do cérebro adolescente. Pode ser o acúmulo de todas as situações da vida com as quais um adolescente tem que lidar, todas aquelas coisas extras com que se preocupar, tudo isso saturando o cérebro. Não seria nenhuma surpresa se você acidentalmente derramasse uma xícara de café sobre o dever de casa...

ENTRADA NO SEGUNDO CICLO DO ENSINO FUNDAMENTAL — Em média, as meninas provavelmente vão chegar à puberdade assim que começarem o sexto ano. Isso pode tornar as coisas ainda mais difíceis. Em média, os meninos atingem a puberdade um pouco mais tarde, o que lhes proporciona tempo para se acostumarem primeiro.

RELACIONAMENTO COM OS PAIS — Neste momento, o relacionamento de um menino com sua mãe e de uma menina com seu pai pode mudar (mas não necessariamente!). Você pode não querer tocá-los nem ficar perto deles, e pode até achá-los nojentos! Existe uma explicação biológica e evolutiva que se aplica a todos os tipos de animais. O incesto (o sexo entre parentes consanguíneos) pode provocar anormalidades genéticas na prole. Então, do ponto de vista biológico, uma vez que você está se tornando sexualmente maduro, é uma vantagem se você NÃO se sentir atraído pelos seus pais. Rivalidade e discussões entre irmãos e irmãs também trazem o mesmo benefício. Não gostar dos seus familiares ou se irritar com eles não é algo tão ruim!

"O que posso fazer para ajudar meu cérebro masculino ou feminino?"

Eis algumas ideias para você refletir:

- Você pode achar reconfortante saber que alguns pontos fortes ou fracos que percebeu em si mesmo são comuns a outros homens ou mulheres. Mas não deixe que os estereótipos te impeçam de correr atrás de qualquer trabalho ou função que deseje. Seja o que for que pareça difícil, prática, determinação e bons professores nos ajudam a construir as redes cerebrais de que precisamos para melhorar. Quaisquer que sejam as diferenças sexuais existentes em nossa biologia, nenhuma delas é tão forte que te impeça de ter qualquer emprego ou de alcançar o sucesso pelo qual está lutando.

- Experimente diferentes métodos de aprendizagem, usando mapas mentais, cores, truques de memória, rimas. Se um deles não funcionar para você, tente outro.

- Observe os temas ou conjuntos de habilidades que você considera difíceis e peça ajuda para encontrar uma maneira de melhorar neles. Os professores geralmente conhecem outros métodos que podem ser usados e que podem funcionar melhor com você. Se a forma como está estudando parece não funcionar para você, informe o seu professor.

- Existe alguma coisa que continua a provocar problemas? Pode ser que você fique com raiva e agressivo; que não reserve tempo suficiente para um trabalho ou projeto; que seja desorganizado ou perca coisas. Admitir isso e pedir ajuda a um adulto de confiança pode te dar forças e diminuir o estresse.

- Seu cérebro é especialmente "plástico" nessa fase. Em outras palavras, ele pode ser moldado ou alterado com mais facilidade. Quanto mais coisas diferentes você der para ele fazer, melhor. AGORA é a hora de torná-lo brilhante.

- Muitas vezes gostamos de nos conformar com quem, o que ou como devemos ser, porque sentimos que é mais confortável, mais seguro e mais fácil — mas não precisa ser assim. Você pode criar sua própria jornada pela vida, desenvolver suas próprias habilidades, fazer as escolhas que achar corretas para *você*.

FAÇA O TESTE

Seu cérebro tem um padrão masculino ou feminino?

Que tal fazer esse teste com seus amigos e ver se os resultados são diferentes de acordo com o sexo biológico? Lembre-se de que é apenas uma forma de diversão, nada tão significativo assim!

RESPONDA ÀS PERGUNTAS

1 Qual objeto está faltando em uma dessas caixas?

a **b** **c**

2 Quais são as duas formas que ficariam idênticas se posicionadas da mesma maneira?

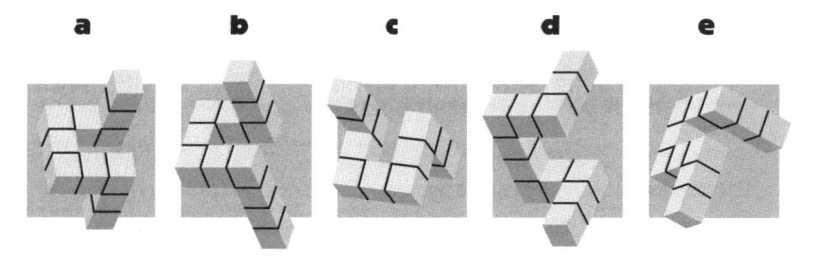

a **b** **c** **d** **e**

3 *Pegue um relógio com ponteiro dos segundos para que você possa cronometrar 30 segundos exatos. Você também vai precisar de um pedaço de papel e uma caneta ou um lápis.* **Quantas palavras começando com *t* você consegue escrever em 30 segundos? A grafia não precisa estar correta.**

4 Quais dessas duas casas são idênticas?

a   b   c   d   e

5 Qual dessas três imagens abaixo contém a forma à direita?

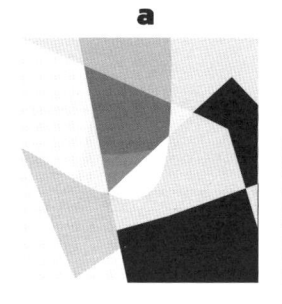

a   b   c

6 Quais são as duas estrelas que são idênticas se posicionadas da mesma forma?

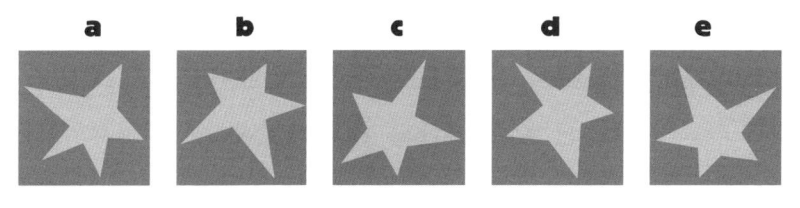

a   b   c   d   e

RESPOSTAS

1 o olho na b; 2 a e c; 4 a e e; 5 b; 6 b e e.

Se você se saiu melhor nos testes **1**, **3** e **4**, seu cérebro possui habilidades femininas típicas. Se achou os testes **2**, **5** e **6** mais fáceis, seu cérebro possui habilidades masculinas típicas. Eles representam coisas que às vezes são consideradas mais fáceis para um sexo ou gênero do que para o outro. Porém, se você passou mais tempo praticando habilidades específicas, provavelmente isso terá um impacto maior.

Para mais referências a argumentos a favor
e contra as diferenças de sexo/gênero,
consulte meu site e a seção *Blame My Brain*.

CAPÍTULO SEIS

O lado sombrio — depressão, vício, automutilação e coisas piores

"Minha vida não vale a pena."

Conheça a Gemma. Ela tem 15 anos. Não há nada de engraçado na situação que vive. Os amigos dela estão preocupados. Os pais também, muito. Ela é tão maravilhosa e inteligente, dizem eles, então por que parece tão triste? Ela praticava esportes, fazia parte da orquestra da escola, integrava os clubes — agora, largou tudo. Não se importa com sua aparência como antes e mal penteia o cabelo. Parece ter se afastado de tudo, até das amizades. Não se abre com os amigos, não importa quantas vezes perguntem se está bem. Ninguém sabe o que fazer.

Gemma está em seu quarto. As cortinas estão fechadas e uma lâmpada fraca transforma a escuridão em uma melancolia amarelada. O aquecimento está ligado, mas ela sente frio. Está cansada, mas não se dá ao trabalho de se preparar para dormir. Talvez deite na cama com a roupa do corpo mesmo.

Ela olha para a tela do computador. Deveria estar escrevendo uma redação. Sabe disso há dias, e também sabe que todos os seus amigos já fizeram o trabalho. Mas não foi à aula hoje. Bem, ela foi, mas saiu na hora do almoço, pediu para alguém dizer aos professores que estava passando mal. E estava mesmo. Meio aérea. E não estar na escola parece um bom motivo para não fazer a redação.

A professora de inglês diz que a redação é importante. Ela precisa da redação para essa coisa idiota chamada portfólio, um arquivo em que guarda seus melhores trabalhos ao longo do ano, e eles contam para a nota. E daí? Que diferença faz? Gemma não quer ser escritora nem professora de inglês. Quando é que ela vai precisar "Comparar e identificar as diferenças entre os poemas de Wilfred Owen e Siegfried Sassoon" de novo na vida?

Gemma ainda está encarando a tela. Não consegue forçar os dedos a se mexerem nem o cérebro a pensar. Parece haver um abismo entre a cabeça e o resto do corpo. Ruídos distantes na casa parecem vir de um outro mundo, um mundo ao qual ela não pertence. E em volta de sua cabeça paira uma pesada nuvem cinzenta, uma sombra que cobre seus olhos e faz tudo parecer escuro e embaçado.

Lágrimas começam a deixar sua visão borrada. Elas surgem do nada.

Dane-se a redação. Gemma entra no fórum onde passa bastante tempo, um lugar onde os adolescentes falam sobre tudo e qualquer coisa. Um lugar para reclamar e fofocar, e às vezes até para rir. Eles nunca se encontram, nunca se veem, mas ela tem a sensação de que conhece todo mundo lá. Ela vai conversar e se sentir melhor.

Ela faz login com seu nome de usuário: Pearlgem.

Ela passa os olhos na lista de salas de bate-papo. Um deles chama sua atenção, tira seu ar. "Alguém deprimido aí? Preciso conversar", é o que diz o título.

Ela clica. Há três pessoas logadas. Gemma começa a ler as mensagens enviadas até aquele momento.

Feiticeira07: Oi, alguém aí faz tratamento para depressão? Eu preciso conversar. Acabei de ir ao médico hoje, depois de semanas da minha madrasta me pentelhando e, sério, adivinha só o que o cara disse: estou deprimida (como se eu não soubesse) e tenho que tomar um remédio. E isso só fez eu me sentir... Sim, você adivinhou, mais deprimida. É oficial. As pessoas acham que falar essas coisas faz a gente se sentir melhor? Então, o que eu quero saber é, alguém sabe quanto tempo essas coisas demoram para fazer efeito? E se não melhorar?

Girassol000: Oi, feiticeira, sinto muito que você esteja se sentindo mal. Eu tive depressão no ano passado. Meu médico foi muito bom – ele insistiu para eu fazer terapia, mas me receitou alguns remédios enquanto isso. Não sei se foram os remédios ou as conversas, mas depois de uns dois ou três meses comecei a me sentir melhor. Eu percebi isso de verdade um dia – como se a nuvem tivesse ido embora e o sol tivesse voltado a brilhar. Olá, céu azul! Não melhorou do nada – alguns momentos eu me sentia mal de novo, mas os dias ensolarados foram sendo cada vez mais comuns, que nem quando a primavera está chegando e fica um pouco mais quente e um pouco mais ensolarado a cada dia que passa, sabe? Além disso, o terapeuta me ajudou a encontrar formas de conversar com meus amigos sobre isso. Aguenta firme – você vai conseguir ajuda.

Santaoupecadora: Ei, pessoal, posso participar? Não sei se tenho depressão propriamente dita. Tipo, eu não fico chorando o dia inteiro. Mas todo esse semestre eu me senti meio entediada e vazia, e meio entorpecida, como se nada fosse capaz de me MOTIVAR a fazer qualquer coisa. Eu era do tipo que adorava uma festa e gostava muito de dançar (fazia até balé, com recitais e tudo, essas coisas — sim, eu era obcecada), mas agora não tenho vontade nenhuma. Posso passar uma hora sentada na minha escrivaninha sem fazer nada e nem me importo muito com isso — tem uma parte do meu cérebro que sabe que eu deveria ter feito alguma coisa, tipo dever de casa, mas o resto meio que diz: "e daí?" Tipo, hoje é sexta e meus amigos vão sair, mas eu não, por quê? Adivinhem? Eu não sinto vontade nenhuma. E não é só a minha cabeça — o meu corpo também. Ele não quer se mexer. Algumas semanas atrás, o pai de uma amiga morreu e todo mundo estava chorando por ela, mas eu simplesmente não conseguia pensar no que dizer e faltei à aula dois dias. Nem chorei nem nada. Eu só me senti meio ausente, como se o meu cérebro tivesse levado uma injeção de anestesia no dentista. Acho que eu deveria me sentir mal por não ter dado apoio à minha amiga, mas não sei, o que eu posso fazer?

Girassol000: Já ouvi falar desse tipo de depressão, mas a minha era com certeza do tipo choro. Eu estava jantando com minha família e as vozes deles todos começavam a martelar na minha cabeça, eu sentia uma tristeza horrível tomar conta de mim e tinha que dar uma desculpa e sair da mesa. Eu só subia pro meu quarto e, assim que fechava a porta, as lágrimas simplesmente jorravam. Eu me jogava na cama com os braços em volta de todos os meus bichos de pelúcia, todos juntos, como se eu nunca mais fosse soltar, e eu ficava lá com as lágrimas escorrendo pelo rosto. Elas pareciam vir das profundezas, de algum lugar que eu nem conseguia enxergar, e às vezes também fazia um barulho assustador, uns gemidos baixinhos — era como se alguém, ou todo mundo, tivesse morrido e eu fosse a única pessoa que tinha sobrado no mundo. Mas eu não sabia O MOTIVO, tipo, se você me perguntasse: "Tá, então, o que é que tem de errado com a sua vida?", eu não sabia responder. Não era na minha cabeça — era no meu coração, era muito fundo, e estava pelo meu corpo todo, por todo lado, menos na minha cabeça. Minha cabeça era um lugar isolado. A tristeza estava nas minhas veias, na minha pele, nos meus pulmões. Às vezes eu mal conseguia respirar, de tão pesado que era.

Gemma não consegue continuar a ler. Seu rosto está coberto de lágrimas. Ela sai da conversa sem escrever nada. Fica sentada na cama, como costuma fazer, assim como a Girassol. Girassol. Os girassóis são felizes, brilhantes, quentes, sorridentes, altos, fortes. Mas olha só a tristeza que a Girassol escondia. Gemma abraça com força seu coelho de pelúcia preferido e enfia a cara naquele cheirinho de bebê, enquanto as lágrimas simplesmente jorram. Ela não tenta contê-las.

Depois de algum tempo, Gemma se levanta. Larga o coelho e desce as escadas. Respirando fundo, ela vai até a sala de estar, onde a mãe está assistindo à televisão.

"Mãe", chama ela em voz baixa.

Ela olha para cima. Percebe que há algo de errado e rapidamente se levanta e vai até a filha. Gemma não se mexe. Seus ombros caem.

"Mãe, eu preciso de ajuda", diz ela, e seu rosto se contorce novamente.

O que está acontecendo no cérebro de Gemma?

A maioria das pessoas passa pela adolescência sem sofrer como Gemma. Ela tem depressão, mas está no caminho da recuperação porque vai procurar ajuda. Muitas pessoas com sintomas de transtornos psíquicos diversos não procuram ou não conseguem ajuda, mas ela existe, e todo mundo merece ter acesso a ela. Faz toda a diferença!

A primeira pessoa a quem recorrer, se você acredita ter sinais de depressão, é o seu médico. Um clínico geral fará perguntas e, geralmente, vai dar conselhos gerais que podem ajudar muito. Talvez o médico recomende um psicólogo ou psiquiatra, que também pode prescrever algum medicamento. Às vezes, demora um pouco para ajustar as doses, porque cada pessoa é diferente, mas a medicação e a terapia são úteis, sendo a terapia geralmente necessária para que haja benefícios a longo prazo.

Como saber a diferença entre a depressão e uma tristeza "normal", que todo mundo sente de vez em quando? Qualquer um pode passar um ou dois dias se sentindo da mesma forma que Gemma, às vezes por algum motivo, às vezes sem nenhuma razão aparente; mas normalmente isso passa, e você se sente bem de novo. Se não passar depois de algumas semanas e não houver um motivo específico, como um luto que justifique o sentimento de tristeza, por exemplo, é provável que isso seja diagnosticado como depressão. Mas observe que existem diferentes tipos de transtorno psicológico e depressão.

Eis alguns dos sintomas:

- sensação de tristeza/ raiva o tempo todo ou na maior parte do tempo; você pode se sentir pior pela manhã
- sensação de que você não vale nada, é feio/inútil, que é um desperdício de espaço, que todo mundo seria mais feliz se você não existisse
- não ter fome ou comer demais; perder peso ou ganhar peso (embora algum ganho de peso durante a adolescência seja essencial, afinal, você ainda está crescendo)
- sentir desinteresse pelas coisas de que costumava gostar
- problemas para dormir; dificuldade em pegar no sono, ou acordar muito cedo e não conseguir voltar a dormir
- sensação de cansaço — muito cansaço — o tempo todo
- ter problemas de concentração; esquecer-se muito das coisas
- pensar em como seria morrer, pensar que isso poderia resolver seus problemas, pensar em diferentes formas de acabar com a própria vida

Se alguma dessas coisas descreve como você se sente, procure ajuda. Mesmo se não tiver certeza, pergunte a alguém em quem você confia: mãe, pai, cuidador, avô, avó, amigo, professor, médico. Qualquer um. Ou, se preferir falar com alguém que não seja um conhecido, entre em contato com o CVV, Centro de Valorização da Vida. O telefone está no final deste capítulo.

    A depressão é comum entre adolescentes e adultos, mas muitas vezes parece começar na adolescência. Cerca de 5% das crianças (7 a 12 anos) têm depressão, mas esse índice aumenta para 15% a 20% dos adolescentes (13 a 18 anos), o que é semelhante ao dos adultos. Ela parece afetar mais as meninas do que os meninos, mas pode ser porque, infelizmente, os meninos muitas vezes acham que precisam esconder seus sentimentos. No entanto, os sentimentos são uma pista importante de como anda a nossa saúde. Não é fraqueza nenhuma estar triste ou deprimido.

> A depressão é a principal causa de invalidez no mundo.
> (Organização Mundial da Saúde, 2020)
> Estima-se que cerca de 20% dos adolescentes em países como o Reino Unido apresentem algum problema de saúde mental em algum momento da vida. (www.mentalhealth.org.uk/statistics/)

> Mais mulheres do que homens são diagnosticadas com depressão, mas isso pode acontecer porque as mulheres procuram ajuda com mais frequência. Além disso, embora a tristeza seja o sintoma mais conhecido, os homens geralmente apresentam sintomas como a raiva, de modo que a depressão deles pode passar despercebida.

Antes de darmos uma olhada mais uma vez no cérebro adolescente, vamos dar uma olhada em algumas das outras coisas que às vezes podem ter consequências gravíssimas na adolescência.

SUICÍDIO — Claro, a pior consequência da depressão é o suicídio, embora a maioria das pessoas com depressão não tente se suicidar. Entretanto, no Reino Unido o suicídio é a segunda causa mais comum de morte entre jovens de 15 a 24 anos, depois de acidentes. É mais comum entre meninos e homens jovens, embora meninas e mulheres façam mais tentativas de suicídio.

Se você pensar em tirar a própria vida, converse com alguém. O suicídio não é a resposta e existe alguém que pode ajudá-lo a encontrar um caminho diferente e aproveitar o resto da sua vida. O CVV está lá para ajudar. Eles fazem um trabalho fantástico e são especializados em ajudar pessoas com pensamentos suicidas.

AUTOMUTILAÇÃO — Ferir-se de propósito é, em geral, chamado de automutilação. É um sintoma de depressão e não é algo que apenas os jovens fazem. Algumas pessoas que se automutilam dizem que é porque a depressão faz com que elas não sintam nada, e só a automutilação causa alguma sensação. Para outros, é uma forma de sinalizar às pessoas que estão infelizes. Outros dizem que alivia a raiva ou o estresse. Seja qual for o motivo, é claro que não é saudável, e, assim como em todas as formas de depressão, quem passa por isso merece receber apoio. Não tenha vergonha por fazer isso — mas procure ajuda. O CVV é um bom ponto de partida.

TRANSTORNOS ALIMENTARES — Anorexia nervosa e bulimia são os distúrbios alimentares mais conhecidos, mas não os únicos. São condições complicadas, com inúmeras causas e diferentes tratamentos. Em termos bastante simples, a anorexia nervosa envolve não comer o suficiente para se manter saudável e muitas vezes fazer exercícios em excesso; a bulimia envolve comer em quantidade normal ou exagerada, e, em seguida, forçar o vômito ou fazer purgação. Os distúrbios alimentares são muito perigosos e demandam ajuda médica.

Às vezes, os distúrbios alimentares têm início quando a pessoa acha que está gorda, mas muitas vezes não é tão simples: às vezes eles decorrem da tentativa de controlar o próprio corpo quando todo o restante da vida parece fora de controle. A maioria dos que padecem destes distúrbios tem uma autoestima muito baixa, e isso pode ser parte da causa. Se achar que você ou alguém que você conhece pode estar sofrendo de algum transtorno alimentar, peça ajuda.

Essas doenças nem sempre estão relacionados à perda de peso. Alguns jovens — muitas vezes meninos — querem desenvolver um corpo mais musculoso e chegam a extremos perigosos nessa busca, que colocam a saúde em risco.

E alguns distúrbios alimentares envolvem uma obsessão em saber se um determinado alimento é saudável ou não. Uma alimentação saudável de verdade significa consumir uma ampla gama de alimentos e desfrutar das refeições sem culpa nem comportamentos restritivos.

ESQUIZOFRENIA — Esta condição muitas vezes começa na adolescência. Afeta cerca de 1% da população em algum momento da vida, embora em muitos casos seja apenas um episódio que não se repetirá. Meninos e homens desenvolvem com mais frequência do que meninas e mulheres.

O indivíduo com esquizofrenia experimenta a realidade de maneira diferente das outras pessoas e isso pode levá-lo a se comportar de formas que não fazem sentido para os outros. Pode ver ou ouvir coisas que os outros não veem e, às vezes, pode agir de acordo com esses estímulos, e assim fazer coisas inexplicáveis para as outras pessoas.

Não sabemos por que algumas pessoas têm esquizofrenia, mas é importante ter em mente que ela pode ser tratada. Também é possível que alguém sofra apenas de um episódio ou que a condição desapareça após tratamento. Outras pessoas podem precisar de medicamentos de uso contínuo para manter os sintomas sob controle.

Eis alguns dos sintomas:
- ter crenças que parecem muito estranhas para os outros — como acreditar que você tem poderes especiais ou ficar paranoico, achando que as pessoas estão te perseguindo
- ver/ouvir/cheirar coisas que outras pessoas não percebem — incluindo ouvir vozes dizendo para você fazer algo
- fazer coisas que os outros acham muito estranhas e inaceitáveis
- ter pensamentos que pulam rapidamente de uma coisa para outra, de forma incomum

Mas é importante obter um diagnóstico adequado, porque esses sintomas podem ter a ver com muitas outras coisas além de esquizofrenia.

Vários estudos demonstraram que, na esquizofrenia, o córtex pré-frontal não está funcionando adequadamente. Nos estágios de poda de um cérebro adolescente normal, uma grande quantidade de massa cinzenta (neurônios) é removida dessa área — em um paciente esquizofrênico, pode haver uma perda ainda maior. Pessoas com esquizofrenia têm sintomas um pouco parecidos aos de pessoas com danos no córtex pré-frontal — e como o córtex pré-frontal adolescente está passando por muitas mudanças, é fácil imaginar que neste momento seu cérebro esteja particularmente vulnerável.

O uso prolongado de cannabis tem sido fortemente associado à esquizofrenia.

VÍCIO — Como mostrei no Capítulo Quatro, existe um risco maior de vício se você começar a beber, fumar ou usar drogas durante a adolescência. Se alguém começa a beber muito antes dos 15 anos, essa pessoa terá quatro vezes mais chances de se tornar alcoólatra do que se esperar até os 21. O mesmo vale para as drogas. Beber ou usar drogas na adolescência é muito mais perigoso do que fazê-lo mais tarde.

Se você é uma menina e sua puberdade começar mais cedo do que a média, isso pode torná-la mais suscetível ao vício, bem como mais propensa a fazer sexo mais jovem. Mas muitas meninas entram na puberdade mais cedo e não caem nessa armadilha.

> Um estudo feito com camundongos descobriu que a cocaína provocava mais danos aos cérebros de adolescentes do que aos cérebros de adultos ou bebês. Os pesquisadores acreditam que outras drogas têm um efeito semelhante em jovens.[61]

TRANSTORNOS DE ANSIEDADE — A depressão e os outros problemas mencionados acima são apenas alguns dos transtornos psicológicos que os humanos podem desenvolver. Existem também diversos transtornos de ansiedade. Este livro não tem como listar nem fazer jus a todos. O que posso dizer para te tranquilizar e ajudar é o seguinte:

A ansiedade em si é um estado completamente natural, que prepara a pessoa para o perigo ou o desafio. É somente quando ela nos impede de aproveitar a vida é que se torna um problema. Temos que aprender a manter nossos níveis de ansiedade sob controle — a quantidade certa na hora certa — e conseguir acalmar a mente e o corpo. Algumas pessoas acham isso mais difícil do que outras, mas, com boa orientação, como a que dou em todos os meus livros, você pode ter uma vida feliz e saudável, tornando-se mais resistente a preocupações e contratempos.

Você também pode precisar da ajuda individualizada de um médico. Muitos episódios de ansiedade, incluindo ataques de pânico, são pontuais ou desafios de curto prazo. Apoio e um bom tratamento podem ajudar a evitar novos episódios.

Quaisquer sintomas que causem preocupação devem ser diagnosticados adequadamente, começando com uma visita ao seu médico de confiança. Quanto mais cedo você tiver acesso a ajuda, melhor — e mais rápido vai se recuperar.

Lutar contra um transtorno psicológico não é motivo de vergonha — é como quebrar a perna ou pegar uma gripe.

É muito importante receber boas informações sobre seus sintomas ou transtornos: recorra a organizações de saúde renomadas ou a instituições de caridade balizadas.

Por que o cérebro adolescente é mais vulnerável a todos esses problemas?

TEORIA 1 — MUDANÇAS NO CÓRTEX PRÉ-FRONTAL

A essa altura, você já sabe tudo sobre o crescimento e a poda do córtex pré-frontal! Então, como isso afeta alguns adolescentes das formas negativas que descrevemos?

Depressão. Como há muitas mudanças de desenvolvimento acontecendo no seu cérebro durante a adolescência, pode ser que, em algumas pessoas, isso afete seu estado mental, levando-as a problemas como a depressão. O córtex pré-frontal está envolvido no processamento e na compreensão das emoções e na tomada de decisões saudáveis para lidar com emoções negativas. Se o seu córtex pré-frontal não estiver totalmente desenvolvido, pode ser difícil processar de modo saudável tudo o que acontece ao seu redor. E, em algumas pessoas, isso pode ser, pelo menos em parte, causa de uma depressão.

Suicídio. O suicídio entre adolescentes é a pior decisão de todas — acabar com sua vida porque, naquele momento, ela não parece valer a pena. Mas existe uma solução muito melhor a poucos passos de distância. Por favor, peça ajuda e você vai encontrá-la. Não deixe que o seu córtex pré-frontal sobrecarregado te atrapalhe.

Transtornos de ansiedade. Tal como acontece com a depressão, os transtornos de ansiedade têm uma mistura complexa de causas e gatilhos, e são comuns entre os adolescentes. Os desafios ao seu córtex pré-frontal subdesenvolvido podem desempenhar algum papel, pois pode ser mais difícil dar um passo atrás e avaliar um risco ou determinado temor de maneira racional, sem permitir que eles o dominem. Os adultos também sofrem de ansiedade, mas tivemos mais chance de desenvolver essas habilidades de processamento que nos ajudam a manter o medo em seu devido lugar.

Vício. O cérebro adolescente reage de maneira diferente a todo tipo de droga, incluindo álcool e tabaco. Não sabemos exatamente por que isso ocorre, mas a atividade complexa no córtex pré-frontal e toda a importante reestruturação que ocorre em outras partes do cérebro podem desempenhar um papel importante. Além disso, claro, o vício está relacionado à tomada de decisões, que envolve o córtex pré-frontal.

TEORIA 2 — SÃO OS HORMÔNIOS

Você conhece todos os hormônios que estão inundando o seu corpo, principalmente durante a adolescência. Os hormônios sem dúvida afetam nosso humor. Talvez algumas pessoas que desenvolvem depressão nessa fase da vida simplesmente estejam excepcionalmente saturadas desses hormônios. Mas a depressão é mais do que uma mudança de humor temporária, como a que é provocada pelo ciclo menstrual. A depressão dura mais. Os hormônios podem desempenhar algum papel, mas não contam a história toda.

Baixos índices de testosterona em meninos podem levar à depressão. O mesmo pode acontecer com o estrogênio nas meninas. No entanto, pesquisadores descobriram que isso não é válido em adolescentes que têm um bom relacionamento com suas famílias — então, talvez, seu ambiente e as coisas que acontecem com você sejam mais importantes do que as substâncias químicas em seu cérebro adolescente.

TEORIA 3 — É A DOPAMINA

Você se lembra da dopamina, o neurotransmissor (ou substância química produzida pelo cérebro) que nos faz querer buscar prazer e emoções, e que dá a "onda" nas pessoas que correm riscos? E se lembra de que os níveis de dopamina são diferentes na adolescência, que parecem ser mais altos? Mas se a dopamina é responsável por uma grande onda de prazer, como ela pode ser acusada de ser responsável pela depressão?

A resposta é que a dopamina não faz apenas o mundo parecer um lugar incrível. Ela também pode fazer o contrário. O que acontece às vezes é que, se as regiões do cérebro que reagem à dopamina recebem grandes quantidades dela, elas podem se tornar menos sensíveis, de modo que você se sente entediado e desinteressado pelas coisas que costumavam lhe dar prazer. É como se uma parte sua ficasse entorpecida. O que seu cérebro realmente quer é o equilíbrio certo de todas as suas substâncias químicas, e a adolescência talvez seja uma época em que é difícil encontrar equilíbrio.

Vício. Pesquisadores descobriram que o sistema de dopamina no cérebro de viciados adultos é comprometido, e é esse mesmo sistema de dopamina que está passando por tantas mudanças no cérebro adolescente. Drogas viciantes e álcool provocam uma descarga imensa de dopamina. Parece que a adolescência é, indiscutivelmente, o pior momento da vida para bombardear o cérebro com drogas que alteram os estados mentais.

TEORIA 4 — É CULTURAL
Embora os cientistas não saibam ao certo o que acontece exatamente no cérebro de alguém com depressão, não há dúvida de que as coisas que acontecem no entorno podem ter um grande impacto no humor. Parece que a vida é mais estressante para os adolescentes hoje em dia: há mais decisões, mais espaço para discussões acaloradas e maiores expectativas. Embora as redes sociais tragam grandes benefícios, também criam imensos desafios. Seus pais, professores e cuidadores também podem estar mais estressados, atarefados e trabalhando cada vez mais para ganhar dinheiro — e o estresse deles pode tornar a vida mais tensa em casa, além de gerar medos em você ao pensar na vida adulta. A sensação pode ser opressora.

E há muitas coisas que não são novas, mas que são estressantes para os jovens: divórcio ou separação familiar, troca de escola, mudanças no corpo, a morte de um amigo ou parente, bullying, doenças, provas. São coisas que qualquer um pode achar estressante, mas talvez, para os adolescentes, seja pior — os adultos são capazes de encontrar formas de lidar com uma dificuldade ou um jeito de superá-la, e as crianças pequenas têm pais ou cuidadores para fazer isso por elas, enquanto os adolescentes têm a sensação de que estão se tornando independentes — o que pode ser uma ideia assustadora.

Portanto, ser adolescente é estressante, mesmo sem tudo o que está acontecendo em seu cérebro. Um alto grau de estresse pode desencadear ou exacerbar transtornos psicológicos, como ansiedade e depressão.

Vício. O estresse pode levar ao vício? Ele sem dúvida pode fazer com que as pessoas recorram ao álcool ou às drogas, acreditando que essa é a saída. E isso, obviamente, pode levar ao vício.

Esquizofrenia. A esquizofrenia geralmente parece começar após um período ou incidente muito estressante (embora seja um pouco difícil de saber ao certo, porque há muitos períodos estressantes durante essa fase e a maioria das pessoas não desenvolve esquizofrenia). Mas o estresse extra da adolescência pode ser uma das razões pelas quais ela parece começar nessa época.

TEORIA 5 — É A EVOLUÇÃO: A DEPRESSÃO NOS FAZ BEM
Como assim? A depressão nos faz bem? É claro que não! Bem, lembre-se de que um biólogo evolutivo olha para trás, para os primeiros humanos. Vamos fazer isso também.

Em primeiro lugar (e isso não se refere apenas a adolescentes), você provavelmente já ouviu falar em TAS, o transtorno afetivo sazonal, também conhecido como depressão de inverno. Bem, talvez ele diga respeito aos nossos primeiros dias como humanos, quando o inverno era um período em que não havia muito alimento disponível, o excesso de atividade consumia muita energia e fazia as pessoas precisarem de mais comida, e a escuridão era perigosa, portanto, dormir era a melhor opção. Logo, pegar leve, dormir e desligar o corpo podem ser a forma natural com que os humanos lidam com o inverno. Afinal de contas, muitos animais dormem o inverno inteiro — talvez as tartarugas tenham simplesmente uma forma extrema de depressão de inverno!

Segundo (e isso se refere *apenas* a adolescentes), no Capítulo Três você viu que os padrões de sono se alteram na adolescência e que os adolescentes precisam de mais horas de sono. Em alguns tipos de depressão, é como se o corpo estivesse desligando, economizando energia, querendo dormir mais. Se um adolescente precisa de mais sono, uma das formas que o adolescente primitivo poderia obtê-lo seria entrando em uma espécie de hibernação, desacelerando, como acontece na depressão.

Terceiro, há outra conexão possível com a evolução. Para humanos e outros animais, um dos instintos naturais importantes é o de "lutar ou fugir". Esse termo descreve a súbita e esmagadora sensação de estresse que surge quando um ser humano ou outro animal se vê diante de uma situação perigosa ou assustadora.

Você conhece os sintomas; você mesmo já deve ter sentido isso ao levar um choque, ou quando um leão pula de uma árvore na sua direção (se isso nunca aconteceu com você, imagine mesmo assim): seu coração começa a bater muito rápido, você começa a suar, e todos os seus sentidos ficam em alerta. Você também ganha força extra — já foi perseguido por algo que o assustava? Eu fui perseguida por um ganso uma vez (não ria — eles são assustadores!) e pulei um portão de um metro e meio de altura. Depois, olhei para o portão e disse: "Uau! Como foi que eu fiz isso?" A resposta é que a minha reação de lutar ou fugir estava funcionando a toda, e as substâncias químicas despejadas instantaneamente no meu organismo me deram uma força extra. Felizmente, para o ganso, eu escolhi fugir.

O que isso tem a ver com depressão e evolução? Talvez alguns tipos de depressão tenham se desenvolvido como uma reação a um estresse constante e intenso. Estresse constante é ruim para nós, porque todo o cortisol e a **adrenalina** nos sobrecarregam e drenam nossa energia. A depressão e o desligamento do corpo podem ser a forma de o corpo se proteger, um método de manter o mundo do lado de fora e dizer: "Ok, já chega. Vou dormir até que tudo isso tenha passado."

Depois de tudo isso, você provavelmente está pensando: mas se um leão está correndo na minha direção e meu corpo decide desligar e dormir, pode ser que isso não seja um exemplo tão bom de que a depressão é benéfica. Claro, eu concordo. Mas lembre-se de algumas coisas:

- A evolução leva muito, muito, *muito* tempo para mudar as coisas, e a sociedade muda com muito mais rapidez.
- Os primeiros humanos teriam liberado seu estresse ou lutando ou fugindo, enquanto hoje geralmente não precisamos fazer nenhuma das duas coisas. Talvez seja esse estresse constante e incômodo que vai se acumulando aos poucos sem que possamos (ou precisemos) fazer o que nossos corpos foram projetados para fazer: lutar ou fugir. A evolução ainda não alcançou a vida moderna.

Por isso, certifique-se de não dar de cara com um leão quando estiver se sentindo deprimido. Por outro lado, isso pode ser exatamente o que você precisa para acordar...

"O que eu posso fazer para ajudar meu conturbado cérebro adolescente?"

- Se você acha que está sofrendo de algum dos problemas de que falamos neste capítulo, peça ajuda. Há respostas para todos eles se você falar com a pessoa certa.
- Seja gentil consigo mesmo. Faça intervalos regulares de relaxamento (como passar um tempo lendo um bom livro, encontrar os amigos para uma pizza ou um café, tomar um banho demorado ou simplesmente aproveitar o sol), e seja também uma voz de apoio em sua própria cabeça.
- Perceba que a depressão faz você ver as coisas de uma forma distorcida, equivocada — você se acha feio/ estúpido/ impopular/ muito gordo/ muito magro ou que nunca vai ser bom em nada, mas isso não é a realidade; é só a forma como o seu cérebro está funcionando. O espelho mente.
- Jamais use álcool, drogas ou tabaco como uma forma de se sentir melhor — não funciona. Depois que a pequena dose imediata de prazer passar, você vai se sentir pior e correrá o risco de se tornar dependente ou viciado.
- Vitaminas — as vitaminas do complexo B são especialmente importantes para o humor. A vitamina B_3, ou niacina, ajuda o corpo a produzir **serotonina**, uma substância química do cérebro que produz uma sensação de felicidade tranquila (ao contrário da dopamina, que dá a sensação de empolgação). Você pode tomá-las na forma de suplementos, mas é muito melhor obtê-las dos alimentos: cereais fortificados (enriquecidos, ou seja, com adição de vitaminas, que devem estar listadas na embalagem), extrato de levedura, arroz, castanhas, leite, ovos, carnes, peixes, frutas, vegetais verdes folhosos. A vitamina B_6 também pode ser útil para meninas

cujas mudanças de humor estão relacionadas ao ciclo menstrual; você a encontra em cereais fortificados, feijões, batatas assadas, bananas, peixes e tomates.

O Fazer exercícios também é muito bom para depressão e alterações de humor — embora você não vá sentir vontade de praticá-lo. Peça a um amigo para te incentivar a se exercitar. Depois de se forçar a fazê-lo, você vai se sentir melhor.

O Nunca se esqueça: tudo é uma fase. Você acha que vai se sentir assim para sempre, mas eu prometo que não. As coisas mudam; a luz volta. Não importa como esteja se sentindo agora, você não vai se sentir assim para sempre.

> Uma xícara de chocolate quente parece reconfortante — e talvez seja mesmo. O leite quente contém triptofano, que não apenas estimula o sono, como também ajuda o corpo a produzir serotonina, uma substância química calmante. O peru é outra fonte de triptofano — talvez seja por isso que dormimos e nos sentimos contentes depois da ceia de Natal ou de Ação de Graças.

Este foi um capítulo sombrio. Mas lembre-se de que a maioria dos adolescentes não sofrerá de nenhum tipo de transtorno mental, embora a maioria de vocês conheça alguém nessa situação. É sempre útil inverter os fatos: se cerca de 20% dos jovens apresenta algum problema de saúde mental em um determinado ano, isso significa que 80% não tem nada do tipo. Seu incrível cérebro provavelmente vai lhe ajudar a seguir em frente. Mas faça o possível para cuidar dele e peça ajuda quando necessário. Ela existe.

Fontes úteis de ajuda

Centro de Valorização da Vida: 188

(ligação gratuita, ou contato por e-mail ou chat, 24 horas)

Campanha Setembro Amarelo

https://www.setembroamarelo.com/

Eu escrevi os seguintes livros que você pode achar úteis:

>The Teenage Guide to Stress
>The Teenage Guide to Life Online
>Body Brilliant — on body image and eating disorders
>The Awesome Power of Sleep — for sleep problems and strategies
>Be Resilient — for building a strong mind for tough times

FAÇA O TESTE

Você está se sentindo triste?

Leia as frases abaixo e avalie se elas se aplicam a você com muita frequência. Se sentir que se identifica com mais de uma ou duas dessas frases por mais de uma semana ou duas, você deve procurar ajuda médica. Comece falando com um adulto de confiança.

Não tenho vontade de fazer nada.

É difícil ter concentração na escola ou na leitura.

Muitas vezes não consigo tomar decisões.

Eu me sinto triste/ desanimado com bastante frequência, às vezes sem motivo.

Mesmo quando há coisas boas acontecendo, ainda assim me sinto triste.

Eu me sinto muito cansado. Parece que não tenho energia.

Não vejo nenhum prazer nas coisas de que costumava gostar.

Sinto que sou um fracassado.

Sou uma pessoa terrível. Mereço ser punido.

Estou dormindo mal — tenho problemas para dormir ou acordo com frequência e não consigo pegar no sono de novo.

Perdi ou ganhei peso sem tentar.

Tenho muita vontade de dormir. Muitas vezes pego no sono quando não deveria.

Às vezes penso no método que usaria para me matar.

Muitas vezes penso em morrer. Às vezes penso que as pessoas seriam mais felizes se eu morresse.

(Se você estiver pensando em tirar a própria vida, procure ajuda sem demora. Você pode ligar para o CVV gratuitamente a qualquer momento no número 188.)

CAPÍTULO SETE

Cada vez melhor — seu maravilhoso cérebro

"Sim, srta. De Beauvoir, mas o que acontece quando seus direitos entram em conflito com os meus? Somos todos igualmente valiosos de verdade?"

Conheça Michael e Laura. Eles são gêmeos e têm quase 17 anos. O irmão mais novo deles, Ian, tem 13 anos. É noite de domingo, e a família está terminando o jantar. Laura anunciou que quer ser psiquiatra.

"Meu Deus, Laura, por que você quer fazer isso?", pergunta Michael, pegando mais pão para raspar o molho.

"Eu achava que você queria ser engenheira", diz o pai deles.

"É, eu queria. Mas acho que não é assim que a minha cabeça funciona. Estou mais interessada em pensar sobre os motivos por trás das coisas e olhar para o todo. Sim, eu sei que sempre gostei de consertar coisas, mas hoje percebo que prefiro consertar as pessoas, e não máquinas e objetos. De qualquer forma, o cérebro é a máquina mais sofisticada que existe, não é?"

"Gente maluca não tem conserto, não", diz Ian. "Deixa os caras de jaleco branco lidarem com isso." E sorri para Laura, antes de dar outra garfada no espaguete e sugar, sujando toda a boca de molho de tomate.

"Não seja bobo, Ian", repreende a mãe.

Ian ri. Ele relaxa na cadeira e limpa a boca com a mão.

"Bom, pelo menos você já vai estar acostumada a gente maluca depois de ter morado com o Ian", diz Michael.

"Maluco é você, seu bundão", retruca Ian, jogando um pedaço de pão no irmão.

"Para com isso, Ian", ordena o pai, irritado.

"Olha o desrespeito", diz Laura. "Não é culpa deles se tem alguma coisa errada no cérebro. Se você tiver um transtorno mental, vai querer que as pessoas te tratem com respeito e tentem curá-lo. Você vai querer uma psiquiatra conceituada, como eu."

"Muito bem, Laura", diz a mãe. "Ignora o Ian. Ele é só um bobão."

Ian faz um sinal grosseiro para a mãe, mas felizmente ela não vê.

"Então, quando foi que essa ideia apareceu?", pergunta o pai.

"A gente fez uma aula experimental de filosofia, e isso me fez pensar... Tipo, como sabemos o que é real de verdade, e quem é capaz de dizer que a nossa ideia de realidade é a certa? Quem diz quem é louco e quem é são? E como sabemos o que está na cabeça de outra pessoa? Então, semana passada, teve uma palestra com um neurocientista, que argumentou que as nossas personalidades nada mais são do que as substâncias químicas e as estruturas celulares do nosso cérebro. Isso me fez pensar que a gente não pode ser *só* isso, e que a resposta está em algum lugar entre a filosofia e a ciência. Como toda a nossa identidade."

Michael está olhando para ela interessado, mas sem entender nada. Os pais a encaram com espanto. Ian está bocejando e murmurando:

"Blá, blá, blá, ruibarbo, ruibarbo, ruibarbo, droga, droga, droga."

"Fica quieto, Ian, pelo amor de Deus", diz o pai. O caçula responde tentando girar o garfo entre os dedos. O talher cai no chão, espalhando molho de tomate na calça jeans de Laura.

"Meu Deus, nesse ritmo você vai ser meu primeiro paciente. Esta calça estava limpinha, e olha só como ficou agora."

"Ah, que mimimi", resmunga Ian, sabendo que está errado, mas incapaz de pedir desculpas porque seria humilhante.

"Chega, Ian, sai da mesa agora. Já cansei do seu comportamento. Você não pensa em ninguém além de si mesmo! E é a sua vez de lavar a louça", dispara a mãe.

"Não é a minha vez! É da Laura, e você sabe disso!"

"Bom, agora é a sua vez."

"Isso não é justo! Por que eu tenho que fazer isso?"

"Porque eu estou mandando. Você acabou de sujar a calça da Laura com essas suas palhaçadas, então o mínimo que pode fazer é lavar a louça. Assim vai aprender a ser mais cuidadoso."

"Babaca", murmura Ian

"O que foi que você disse?", retruca o pai.

"Nada."

"Não foi nada, não. O que foi que você disse?"

"Eu só disse *babaca*, tá bom? Grande coisa!"

"Peça desculpas à sua mãe! Agora mesmo!"

"Ah, tudo bem, então, eu sinto *muito*, e você é a mãe mais maravilhosa do mundo inteiro!"

Ian sai furioso da sala, batendo a porta. Os outros se olham.

Michael fala primeiro. "Você não deveria deixar ele falar assim com você, mãe. Isso é inadmissível."

Sua mãe faz uma cara engraçada — um sorriso, mas um sorriso cheio de significado. Michael olha para ela. Por que está sorrindo assim?

Então ele se dá conta.

"Ah, claro! Eu costumava falar com você assim, não é?"

"Sim, e não faz muito tempo." Ela dá um sorriso de orelha a orelha, iluminando o rosto todo — para ela é uma luz no fim do túnel; para Michael, é uma oportunidade súbita de ver a si mesmo como costumava ser, como está mudando. Ele está olhando para si mesmo de fora.

O pai deles pergunta:

"Laura, quanto tempo leva para se tornar psiquiatra?"

"Uns dez anos, só."

"Tem alguma chance de você se formar um pouco mais cedo, para poder nos dizer, pobres pais, o que se passa no cérebro de um adolescente?"

O que está acontecendo nos cérebros de Ian, Michael e Laura?

Ian, Michael e Laura ilustram três estágios diferentes de desenvolvimento e comportamento do cérebro adolescente. É importante perceber que esses são apenas três exemplos extremos de comportamento individual, escolhidos para destacar questões, não para ilustrar como os adolescentes se comportam de modo geral: muitos adolescentes dessas idades agiriam de maneira completamente diferente. Mas vamos ver o que se passava ali.

Ian, aos 13 anos, está no início da adolescência. Ele é volátil, desajeitado, afeito a riscos (chamar a mãe de "babaca" é um comportamento bastante arriscado) e, muitas vezes, egocêntrico. Toma decisões erradas com frequência, acha difícil entender os pontos de vista alheios e não pensa nas coisas de maneira madura e lógica. Se olhássemos o cérebro dele, provavelmente veríamos muita massa cinzenta de sobra, todos aqueles novos ramos espessos de dendritos e sinapses sem saber bem o que fazer com eles mesmos. E veríamos um maior uso da amígdala, de reação instintiva, e um uso menos eficaz do córtex pré-frontal

Michael, com quase 17 anos, tem a mesma idade de Laura, mas os meninos em geral amadurecem com um ou dois anos de atraso. Ele está começando a demonstrar interesse por coisas além de si — por exemplo, ele de repente percebeu que costumava dar trabalho aos pais (e provavelmente ainda dá, às vezes, mas está pouco a pouco aprendendo a ter autocontrole e, com maior frequência, toma boas decisões). Se olhássemos o cérebro dele, provavelmente veríamos que a maior parte da poda já aconteceu: há menos dendritos ramificados, mas eles são mais fortes do que os do cérebro de Ian. Michael desenvolveu habilidades que não tinha alguns anos atrás, e partes de seu cérebro estão funcionando bem em conjunto, mas os galhos ainda não estão muito resistentes. Essa será a próxima etapa para ele.

Laura, uma garota de quase 17 anos, com certeza está chegando ao fim do túnel. Ela consegue entender bem pensamentos abstratos — em outras palavras, é capaz de pensar sobre coisas que não pode ver, tocar ou ouvir, como crenças, ideias, verdade, realidade. Consegue entender suas próprias habilidades de aprendizado; é capaz de olhar adiante e planejar. Quanto à linguagem, ela deu um salto em relação aos irmãos e se sente no mesmo nível dos pais em sua capacidade de pensar e argumentar. Se olhássemos o cérebro de Laura, veríamos menos massa cinzenta do que no cérebro de Ian — mas a dela está funcionando muito melhor que a do irmão menor. Também poderíamos ver evidências de algo que até agora mencionei apenas brevemente: a mielinização, ou fortalecimento da massa branca do cérebro.

Mielinização

A mielina é uma substância gordurosa que reveste os axônios (as caudas compridas dos neurônios, que permitem que eles se comuniquem com outros neurônios distantes). É como o isolamento de um fio elétrico. E o que mielina faz é fortalecer as vias de modo que as mensagens viajem com mais eficácia. A mielinização só ocorre se o axônio não for excluído primeiro — e os axônios são excluídos quando não são usados regularmente. Por isso, muitas conexões, usadas com regularidade, significam que o axônio não morre, e, portanto, pode ser mielinizado. Uma vez que essa mielinização de fortalecimento tenha ocorrido, é menos provável que os neurônios decaiam ou percam força — o que explica por que a prática é tão eficaz para solidificar conhecimento.

Laura atingiu o estágio de desenvolvimento do cérebro adolescente em que muita massa cinzenta sobressalente foi eliminada e as conexões que permaneceram estão sendo fortalecidas pela mielina. Ela é capaz de atingir de verdade um nível de expertise nas habilidades a que vem se dedicando, com as mensagens elétricas sendo capazes de viajar de forma rápida e confiável por suas redes neurais. Mas Ian e Michael talvez ainda tenham uma quantidade de massa cinzenta extra, então pode ser mais fácil para os dois começarem a aprender novas habilidades. Laura agora está aperfeiçoando as que escolheu. Devemos sempre lembrar, no entanto, que é possível aprender novas habilidades em qualquer idade — a diferença é que os jovens têm ainda mais facilidade para fazer isso.

De vento em popa

Muitos pais e professores reparam que há um aprimoramento gigantesco e repentino nas habilidades dos adolescentes nos últimos anos da adolescência, e muitos adolescentes percebem isso por si mesmos. De repente, você "pega" uma coisa que não era capaz de fazer antes.

Se fosse capaz de olhar para o seu cérebro nesses momentos, poderia ver novas áreas onde os galhos foram todos podados e os axônios estão cobertos por suas capas de mielina. Um novo conhecimento, uma nova habilidade, um novo entendimento, todos eles estabelecidos de forma a serem úteis a você no futuro.

"Tudo isso é automático? Posso só ficar sentado e esperar que aconteça?"

Infelizmente, não. O cérebro opera baseado no "use ou perca": suas redes se desenvolvem porque você tenta algo, faz algo, aprende algo, pratica algo. Quanto mais você fizer, quanto mais participar de atividades diferentes, melhor o seu cérebro será nelas, e melhor será o seu funcionamento geral, porque um bom cérebro é aquele em que todas as partes funcionam bem em conjunto.

Os pesquisadores fizeram experimentos com ratos: um grupo de animais recebeu brinquedos e outros ratos para fazer companhia, de modo que tivessem muito o que fazer e interações interessantes em seu dia.[62] Outro grupo de ratos não recebeu nada: nenhum brinquedo e nenhum amigo. Alguns meses depois, os pesquisadores analisaram os cérebros de cada um dos grupos e encontraram diferenças físicas: os ratos com atividades tinham um córtex mais espesso (principalmente a massa cinzenta, ou os neurônios) e muito mais células gliais — as células que fornecem alimento e suporte para os neurônios. Os pesquisadores também acreditavam que havia mais sinapses e dendritos, embora não fossem capazes de contá-los.

A lição é que mais atividades significam mais inteligência — quanto mais você faz, mais é capaz de fazer.

> Se olhássemos dentro do cérebro de um violinista, encontraríamos dendritos e sinapses extras na área que controla os dedos da mão esquerda.[63] A pessoa não se tornou violinista devido a esse crescimento extra — as células é que crescem e se conectam devido à pratica. Você pode mudar o seu cérebro.

É verdade que, não importa o que você faça, seu cérebro vai passar pelos estágios de aumento de massa cinzenta no início da adolescência e depois pela redução ou poda mais adiante. Mas as habilidades que você desenvolve e as coisas em que se torna bom dependem de como usa esses estágios de crescimento e poda, e de quanto se esforça para desenvolver essas aptidões. Você tem escolhas, e quanto mais se dedicar ao que te interessa, melhor vai se tornar. Para resumir: você vai passar pela adolescência, querendo ou não, mas isso vai acontecer de forma diferente a depender das suas escolhas. Você também vai passar por eventos que não pode controlar, incluindo desafios da sua vida pessoal, na sua família e nos grupos de amigos.

Que outras habilidades cerebrais os adolescentes mais velhos adquirem?

ENTENDER PIADAS — É claro que crianças e pré-adolescentes também entendem piadas, mas o tipo de piada que você entende ou gosta vai mudar. Isso provavelmente também vai acontecer ao longo da sua vida adulta, conforme você conhece novas pessoas e tem novas experiências. Os programas de TV que acha engraçados vão mudar. Há uma chance grande e assustadora de que você vai começar a achar graça de algumas das mesmas coisas que seus pais. Falando sério.

FAZER CONEXÕES — Você pode descobrir que ao ouvir ou aprender alguma coisa nova, de repente, será capaz de relacioná--la a algo completamente diferente. Pode estar conversando sobre educação religiosa, subitamente, fazer uma conexão com algo na história, na política, na filosofia ou na música.

PERCEBER QUE DUAS COISAS DIFERENTES PODEM SER VERDADE AO MESMO TEMPO — Você vai começar a ver que ideias e verdades não são necessariamente preto no branco. Vai se dar conta de que pessoas sensatas podem ter duas crenças que parecem contraditórias. Por exemplo, pode de repente entender que sim, seus pais confiam em você e em seu namorado/namorada, mas mesmo assim não vão deixar vocês dormirem no mesmo quarto. Conseguirá ver as coisas por perspectivas diferentes — mesmo que não goste.

COMPREENDER TEMAS E SIGNIFICADOS MAIS PROFUNDOS — Sua capacidade de apreciar livros, peças de teatro, poesia, arte e linguagem mais sutil vai se desenvolver, às vezes de uma hora para outra. Os professores de literatura, por exemplo, reparam que a capacidade de interpretar significados apresenta uma enorme melhoria entre os 14 e os 16 anos, e às vezes notam que as meninas atingem esse estágio antes dos meninos. Um rapaz mais novo que o restante da turma pode ter dificuldades com esses conteúdos, ao passo que sua habilidade em matemática pode ser excelente. Mas, como acontece com tudo, melhoramos com esforço e prática, de forma que os meninos também podem desenvolver essas habilidades se optarem por se dedicar a elas.

TER GRANDES IDEIAS ORIGINAIS — Adolescentes mais velhos conseguem desenvolver melhor as próprias crenças. Até essa fase, você geralmente acredita no que as pessoas ao seu redor dizem — seus pais, um professor, alguém que seja um modelo a seguir — ou no que você vê na televisão. Ou pode ter pontos de vista bastante arraigados que são mais uma reação instintiva do que algo que você mesmo elaborou. Mas, pouco a pouco, suas visões particulares começam a se desenvolver, e você descobre que tem o próprio sistema de valores ou crenças. Eles ainda podem mudar, e provavelmente mudarão ao longo da vida, mas você será mais capaz de expressá-los e justificá-los.

Não é por acaso que, em países democráticos, a idade legal para votar, para beber e fumar e para dar consentimento sexual varia entre os 16 aos 21 anos, dependendo da questão e do país. É por volta dessa época que você se torna mais capaz de decidir por si mesmo o que é melhor.

"Por que os nossos cérebros funcionam muito melhor no final da adolescência?"

Vejamos mais uma vez diferentes ideias em relação a isso. Lembre-se de que essas teorias estão interligadas e de que a evolução é a causa fundamental da nossa biologia e, consequentemente, de grande parte do nosso comportamento.

TEORIA 1 — PORQUE FOMOS BEM EDUCADOS

Talvez todo o desenvolvimento dessa inteligência e dessas novas habilidades aconteça porque fomos bem-educados. Talvez tenhamos nos tornado tão inteligentes porque passamos muitos anos na escola.

Bem, os cérebros de fato mudam quando aprendem e praticam coisas novas, mas isso não é suficiente para explicar mudanças cerebrais tão drásticas — nem a razão pela qual as mesmas mudanças acontecem em diferentes sociedades ao redor do mundo,[64] quer as pessoas passem ou não a infância na escola. Sem o desenvolvimento adequado do cérebro, nenhuma quantidade de ensino, por mais maravilhoso que seja, vai transformá-lo em um pensador, escritor, matemático ou jogador de basquete brilhante.

É interessante que, às vezes, ouvimos falar de crianças de brilhantismo extraordinário em matemática que passam nas provas do ensino médio e entram para a universidade aos 10 anos — mas nunca ouvimos falar da mesma coisa em relação à linguagem. O cérebro humano simplesmente não faz isso, não importa a qualidade da educação inicial. Portanto, eu diria que nos tornamos capazes de fazer muitas coisas porque nossos cérebros amadurecem dessa forma, e não que crescem assim porque aprendemos coisas na escola (embora com certeza seja possível aprimorar o funcionamento do seu cérebro, e até mesmo alterá-lo de alguma forma).

TEORIA 2 — É A EVOLUÇÃO

Essa tese diz o contrário: que os nossos cérebros inteligentes deram uma vantagem aos humanos, logo, os genes de ter um cérebro inteligente foram transmitidos de geração em geração. Nossa intrincada sociedade humana foi capaz de se tornar cada vez mais complexa e bem-sucedida graças aos nossos brilhantes cérebros, e assim os cérebros se tornaram cada vez mais brilhantes.

Os seres humanos podem ser músicos, encanadores, designers, políticos, médicos, faxineiros, atletas, engenheiros, acadêmicos, escritores, cantores, cozinheiros, filósofos, jardineiros... a lista é infinita. Podemos correr riscos, se quisermos. Podemos ter hobbies. Podemos relaxar nas férias ou praticar canoagem. A cada geração, o conhecimento humano aumenta e é transmitido por meio de pais, professores, livros — embora parte desse conhecimento também morra. Nossas sociedades são incrivelmente complexas, com algumas pessoas vivendo em cidades e outras em aldeias ou no campo, algumas pessoas vivendo em democracias e outras em ditaduras, algumas em guerra e outras em paz. Pisamos na Lua e enviamos naves espaciais a Marte.

Não podemos dizer o mesmo sobre qualquer outro animal. Outros animais fazem o que são programados para fazer no dia a dia, a fim de sobreviver tempo suficiente para passar seus genes para a geração seguinte. Nós vamos muito além.

Para fazer tudo isso, precisamos do incrível cérebro humano, um cérebro tão inteligente que consegue olhar para dentro de si mesmo — mais uma coisa que nenhum outro animal faz. Assim, temos uma longa infância e uma longa adolescência e, durante esse período, nosso cérebro cresce tanto que podemos ser qualquer coisa, de pianista a político, de cozinheiro a cientista da computação. Mas, enquanto indivíduos, não precisamos ser tudo — e nem haveria tempo suficiente. Logo, nossos cérebros eliminam aquilo de que não precisamos e fortalecem o que usamos mais, nos dando cérebros capazes de fazer algumas coisas de maneira brilhante. Cérebros que nos permitem funcionar em nossa sociedade infinitamente complexa, para que possamos transmitir nossos genes de geração em geração — se quisermos. E, inclusive, talvez a prova definitiva de quão brilhantes são os nossos cérebros seja o fato de que vencemos a evolução: hoje podemos optar por evitar o que todos os animais são programados para fazer — nos reproduzir.

FAÇA O TESTE

Teste o poder do seu cérebro

A seguir você verá algumas perguntas que precisam do seu cérebro funcionando de diferentes formas. Não tenha pressa e use lápis e papel se quiser. Não entre em pânico — o objetivo é ser divertido!

1 **Qual verbo foge ao padrão?**
   acreditar   dizer   esperar   pensar   sentir   decidir

2 **Qual seria o próximo número?**
   1   2   3   5   8   13   21

3 **Qual seria a próxima letra?**
   A   D   C   F   E   H   G   J   I

4 **Preencha duas letras em cada espaço, de modo que seja formada uma nova palavra com a palavra à esquerda e outra com a palavra à direita:**

(Exemplo: LA M A MÃO = LAMA e MAMÃO)
   SAL _ _ PATO   **LEI _ _ LA**

5   A caneta está para a tinta assim como o carro está para a/o:
    garagem   direção   chave   gasolina   tanque de combustível

6   Se eu peso 75% do meu peso + 13 kg, quanto eu peso?

7   Karim é mais baixo que Mark. Mark é mais alto que Sam.
    Qual das opções a seguir tem que ser verdadeira?
    (a)   Karim é mais alto que Sam.
    (b)   Sam e Karim têm a mesma altura.
    (c)   Karim é mais baixo que Sam.
    (d)   É impossível dizer qual dos dois é mais alto, Karim ou Sam.

8   Leia as afirmações abaixo:
    (a)   Alguns políticos são mentirosos.
    (b)   Todos os mentirosos têm orelhas pequenas.

    Se ambas as afirmações forem verdadeiras, isso significa que algumas pessoas de orelha pequena devem ser políticos?

9   É melhor dar dinheiro a:
    (a) Alguém que precisa
    (b) Alguém que merece
    (c) Alguém que fará o melhor uso dele

Agora vire a página para respostas e análises.

RESPOSTAS E ANÁLISES

1 ***dizer***: é a única ação feita em voz alta, em vez de pensada silenciosamente.
2 ***34***: cada número é a soma dos dois números anteriores. Isso é uma sequência de Fibonacci, e aparece muitas vezes na matemática e na natureza.
3 ***L***: a sequência é: três para frente, um para trás, três para frente, um para trás etc.
4 ***SA (SALSA e SAPATO)*** e ***TE (LEITE e TELA)***
5 ***gasolina***: uma caneta usa tinta para funcionar, e um carro usa gasolina da mesma forma. E a tinta é o combustível de uma caneta, e a gasolina é o combustível de um carro.
6 ***52 kg***: 13 kg têm que ser 25% do peso total — porque foi dito que 100% do peso é composto por 75% + 13 kg. Se 13 kg é 25% do peso, o peso total deve ser exatamente quatro vezes isso, porque 100% é 4 x 25%. E 4 x 13 = 52.
7 ***d***: é impossível afirmar, porque tudo o que sabemos é que Mark é mais alto que Sam e Karim, mas não sabemos qual dos dois é mais alto.
8 ***Sim***: todos os que mentem têm orelhas pequenas e alguns desses mentirosos são políticos, então eles devem ter orelhas pequenas. Também pode haver alguns políticos que não mentem e algumas pessoas com orelhas pequenas que não são políticos.
9 O que você acha? O que teria que levar em consideração? Que perguntas precisaria fazer para responder a essa pergunta de maneira justa? Você pode marcar um ponto para cada pergunta que se fez nesse debate! Fazer perguntas é sinal de um bom cérebro tentando ficar ainda melhor.

Quais foram as questões nas quais teve mais dificuldade? Algumas pareceram fáceis e outras fizeram seu cérebro ferver? Algumas te fizeram entrar em pânico antes mesmo de tentar resolver? Você escolheu usar papel e caneta para ajudá-lo? Usou o método de tentativa e erro ou alguma lógica na busca por solução? Preferiu os de números ou os de letras/palavras? Qual você mais gostou de fazer?

Existem muitas habilidades diferentes que se juntam para formar sua inteligência. Habilidades verbais (baseadas em palavras), habilidades numéricas, raciocínio lógico, visão de padrões e sequências, habilidades espaciais (ver páginas 165-167), memória, conhecimento geral, capacidade de classificar, comparar e observar diferenças — tudo isso são capacidades necessárias para sermos o mais inteligentes possível. Todas são habilidades que podemos melhorar com prática, orientação e ajuda. Todos nós temos coisas nas quais sentimos que somos melhores e coisas nas quais sentimos que não somos tão bons, mas todos os nossos pontos fracos podem ser fortalecidos se assim desejarmos.

Por outro lado, alguns dos maiores inventores ou gênios da história não obtiveram pontuações altas em testes de QI. Às vezes, eram tão brilhantes em uma área que negligenciavam outras. Talvez isso não seja tão ruim. Talvez precisemos que algumas pessoas sejam extremamente brilhantes em apenas uma ou duas habilidades. Você pode ser uma dessas pessoas.

Quaisquer que sejam as perguntas que você achou mais fáceis, pense nas habilidades que elas parecem exigir e veja se consegue encontrar livros ou sites que lhe proporcionem ainda mais opções para exercitar as partes do seu cérebro que foram bem programadas e que tornam essas coisas fáceis. Mas será ainda mais proveitoso se você identificar as perguntas que foram *difíceis* e se dedicar com afinco extra a elas. Afinal, se existe uma coisa que este livro deve ter lhe ensinado é que você pode mudar seu cérebro ao fazer, praticar, tentar. Os psicólogos acrescentariam a esta lista a capacidade de acreditar — e eu acredito que eles têm razão.

O filósofo grego Platão e seus seguidores tinham um lema: *Conhece-te a ti mesmo.* É um ótimo lema, mas aqui vai um melhor ainda: Desenvolve-te a ti mesmo.

Para mais informações e muitos testes de inteligência (QI) e personalidade, experimente os sites:

www.mensa.org.br
super.abril.com.br/testes/teste-relampago-de-qi/

Mas, para uma forma realmente reveladora de fazer seu cérebro funcionar e ajudá-lo a ser um pensador brilhante, dê uma olhada no livro *The Philosophy Gym — 25 Short Adventures in Thinking*, de Stephen Law.

Conclusão

O cérebro humano é um objeto incrível, um bloco de massa cinzenta que permite que você aja e pense, que o mantém vivo e que faz de você quem você é, alguém único — diferente de qualquer outra pessoa no mundo inteiro. No entanto, em alguns pontos seu cérebro é igual ao de todos os outros, e ele faz questão de insistir que você é, por alguns anos, um adolescente. Não mais uma criança, mas também ainda não é adulto.

Quanto mais penso sobre a adolescência e quanto mais adolescentes conheço, mais fico impressionada com o quanto esta época é especial e com a quantidade de coisas acontecendo na sua vida e no seu cérebro. Ver o tanto com que vocês têm que lidar e a resiliência que têm para superar os desafios me impressiona demais. Um dos motivos que me fez escrever este livro é minha intenção de fazer os outros adultos entenderem, pararem um pouco e refletirem.

Seu cérebro é quem você é e também quem você será. Entender mais sobre ele, lendo livros como este, por exemplo, te ajuda a ter mais controle. Aí vai ser só de vez em quando, quando você não puder fazer nada a respeito, quando seu cérebro assumir o volante e a biologia falar mais alto, que você poderá gritar: *A culpa não é minha — a culpa é do meu cérebro!*

Como um bom adolescente, tenho certeza de que vai gritar o mais alto que puder.

Glossário

adolescência período de transição entre a infância e a idade adulta; aproximadamente dos 10 aos 20 e poucos anos

adrenalina hormônio ligado em especial à resposta ao estresse; aumenta a frequência cardíaca

amígdala parte minúscula do sistema límbico dentro do cérebro; ligada à reação instintiva e ao instinto, bem como à resposta ao estresse

anorexia nervosa transtorno alimentar em que o portador restringe perigosamente a ingestão de alimentos e/ou pratica exercícios em excesso

axônio parte comprida do neurônio, semelhante a uma cauda. Os axônios enviam mensagens para outros neurônios

gânglios basais consistem em várias estruturas no interior do cérebro. Estão envolvidos no controle dos nossos movimentos, no aprendizado, na memória e nas emoções

bulimia transtorno alimentar em que a pessoa come compulsivamente e depois vomita, usa purgantes ou pratica exercícios em excesso

células gliais grande parte do seu cérebro é feito de células gliais, estruturas simples que os cientistas acreditam ter a função de manter tudo junto, eliminar células mortas e produzir mielina para revestir os axônios

cerebelo região do cérebro importante para a coordenação e o movimento, alguns tipos de memória e aspectos da fala. Significa literalmente "pequeno cérebro", porque parece um pequeno cérebro dentro do cérebro

corpo estriado ventral uma região dos gânglios basais. Tem um papel complexo (e ainda não muito bem compreendido) tanto na recepção de informações emocionais quanto na regulação de aspectos do movimento

córtex camada externa do cérebro, formada principalmente por neurônios/massa cinzenta. Tem cerca de 2 milímetros de espessura apenas, mas possui uma vasta área, e a necessidade de caber dentro do crânio provoca a aparência enrugada que o cérebro humano tem

córtex frontal as áreas frontais do córtex, contendo o córtex pré-frontal, bem como o córtex motor e outras áreas

córtex pré-frontal a área mais à frente do córtex frontal, essencial para a capacidade de prever e avaliar consequências e riscos, tomar decisões, controlar o comportamento, agir com ética
cortisol um hormônio ligado ao estresse
dendrito um ramo de um neurônio. Os dendritos recebem mensagens de outros neurônios conectando-se por meio de sinapses
dopamina um neurotransmissor envolvido no nosso desejo de busca por emoção/ prazer, por meio, por exemplo, de comida, sexo, riscos, novas experiências
esquizofrenia doença mental que envolve crenças ou percepções distintas das da maioria das pessoas
estrogênio hormônio sexual encontrado principalmente em mulheres, importante para as características do corpo feminino e alguns comportamentos
habilidade espacial capacidade de manipular formas mentalmente, visualizar a aparência de um objeto quando girado e avaliar distâncias e ângulos
hipocampo parte do cérebro muito importante para inúmeros aspectos da memória. Significa literalmente "cavalo-marinho", devido à sua forma
hormônio hormônios são substâncias químicas especiais que nos afetam de várias formas. Alguns são produzidos no cérebro, outros não — mas todos são regulados pelo cérebro. Cada um tem uma tarefa especial e afeta coisas como fome, crescimento, humor, estresse e comportamento masculino/feminino
massa branca a maior parte do cérebro consiste de massa branca, situada logo abaixo da massa cinzenta do córtex. A massa branca consiste principalmente de axônios, semelhantes a longas caudas, e em células gliais
massa cinzenta formada principalmente por neurônios, concentrados em especial no córtex. Consideradas as células mais importantes do seu cérebro
melatonina hormônio regulador do sono em nosso cérebro
neurônio-espelho um tipo de neurônio que age quando simplesmente observamos outra pessoa executar uma ação. Ele espelha a ação, nos permitindo praticá-la pela simples observação

neurônio o tipo mais importante de célula cerebral — você tem entre 85 bilhões e 100 bilhões dele

neurotransmissor substância química produzida em uma sinapse, que permite que mensagens sejam transmitidas entre os neurônios. Já foram descobertos cerca de 50 neurotransmissores diferentes, cada um com uma função especial dentro de seu próprio sistema de células. A dopamina é um exemplo de neurotransmissor

puberdade o início da adolescência, quando o corpo começa a mudar da infância para a forma adulta masculina ou feminina

sistema límbico áreas do cérebro responsáveis principalmente pelo comportamento emocional e inconsciente ou reflexivo. Às vezes chamado de cérebro "reptiliano"

sono REM sono com movimento rápido dos olhos, um estágio profundo do sono onde a maioria dos sonhos acontece. Você normalmente terá quatro ou cinco estágios REM por noite, embora possa não se lembrar dos sonhos

serotonina neurotransmissor responsável pela sensação de alegria, de felicidade e paz; também afeta o sono, as dores e o apetite

sinapse conexão entre o dendrito de um neurônio e o axônio de outro. Na verdade, é uma pequena lacuna, não um ponto de contato. As mensagens atravessam as sinapses e passam para os outros neurônios

testosterona hormônio sexual encontrado principalmente em homens, importante para as características do corpo masculino e alguns comportamentos

Nota da autora

Ninguém entende por completo como o cérebro humano funciona, nem mesmo os neurocientistas, psicólogos, psiquiatras ou biólogos evolutivos. E eu não sou nenhuma dessas coisas, então como ousei escrever este livro, que busca "desvendar" o funcionamento do maravilhoso cérebro adolescente?

Sou fascinada pelo cérebro e seus comportamentos. Meu interesse começou muitos anos atrás, quando eu estava estudando para dar aulas para pessoas com dislexia. É quando você olha para as diferenças entre os cérebros que a coisas ficam interessantes: é aí que tudo começa a fazer sentido. É como ver as bordas de um quebra-cabeça.

Como o cérebro me deixava muito intrigada, sempre procurei informações sobre ele de forma ávida. Faço isso até hoje, lendo novas pesquisas e teorias quando aparecem, e tentando entender tudo relacionado a uma extensa gama de experiências do mundo real que chegam a mim por meio de adolescentes e adultos que se importam com essas coisas. Como em praticamente qualquer tópico, os cientistas às vezes entram em conflito e especialistas podem discordar uns dos outros, mas meu trabalho é tentar encontrar um equilíbrio e apresentar coisas que façam sentido e tenham a maior probabilidade possível de serem verdadeiras. Tento sempre manter a mente aberta, olhar para todos os lados de um argumento e me lembrar de que muitas vezes uma resposta não está certa ou errada, mas aberta a diferentes interpretações, todas contendo alguma parte da verdade.

Neurocientistas, psicólogos, psiquiatras e biólogos evolutivos olham para o cérebro de diferentes ângulos, e eu acho cada ângulo igualmente intrigante. Também sou mãe e costumava dar aula para adolescentes. Hoje, escrevo para eles. Tenho a sensação de que entendo o que estão passando. Por incrível que pareça, eu até já fui uma adolescente também.

Acho que é por isso que ousei.

Sugestões de leitura

LIVROS
- *The Human Brain* (coleção "50 IDEAS YOU REALLY NEED TO KNOW"), de Moheb Costandi
- *The Human Brain Book* (coleção DK HOW STUFF WORKS), de Rita Carter
- *The Private Life of the Brain*, de Susan Greenfield
- *Homens não são de Marte, mulheres não são de Vênus*, de Cordelia Fine
- *The Essential Difference: Men, Women and the Extreme Male Brain*, de Simon Baron-Cohen

MEUS LIVROS
- *The Teenage Guide to Stress*
- *The Teenage Guide to Friends*
- *The Teenage Guide to Life Online*
- *The Awesome Power of Sleep*
- *Be Resilient*
- *Positively Teenage*
- *Body Brilliant*
- *Exam Attack*

SITES (em inglês)
- Meu site: www.nicolamorgan.com

Cérebro adolescente/adolescência
- Neuroscience for Kids: https://faculty.washington.edu/chudler/neurok.html

- Frontline: Inside the Teenage Brain: https://www.pbs.org/video/frontline-inside-teenage-brain/
- Raising Children (Austrália): https://raisingchildren.net.au/teens
- Healthy Children (Reino Unido): https://www.healthychildren.org/English/ages-stages/teen/Pages/Whats-Going-On-in-the-Teenage-Brain.aspx
- KidsHealth: https://kidshealth.org/

Saúde mental e bem-estar
- Childline: https://www.childline.org.uk/
- Centro de Valorização da Vida: https://www.cvv.org.br/
- The Samaritans: https://www.samaritans.org/how-we-can-help/contact-samaritan/
- Young Minds: https://youngminds.org.uk/

Sono
- National Sleep Foundation: https://www.sleepfoundation.org/

Nutrição e distúrbios alimentares
- Beat Eating Disorders: https://www.beateatingdisorders.org.uk
- British Nutrition Foundation: https://www.nutrition.org.uk/healthyliving/lifestages/teenagers.html
- Young Minds: https://youngminds.org.uk/find-help/feelings-and-symptoms/eating-problems/

Álcool e outras drogas
- Drinkaware: https://www.drinkaware.co.uk/advice/underage-drinking/teenage-drinking/

- Talk to Frank — honest about drugs: https://www.talktofrank.com/

Saúde sexual
- Health for teens: https://www.healthforteens.co.uk/sexual-health/

Notas

1. Emerson Pugh foi um especialista em computadores que trabalhou para a IBM por 35 anos. O presidente da IBM, Thomas Watson, disse em 1943: "Acho que existe um mercado mundial para cinco computadores, talvez."
2. Liderado por Giacomo Rizolatti e colegas da Universidade de Parma, Itália. Ver: http://psych.colorado.edu/kimlab/Rizzolatti.annurev.neuro.2004.pdf. Um TED talk muito útil de V. S. Ramachandran está aqui: http://www.ted.com/talks/vs_ramachandran_the_neurons_that_shaped_civilization.html
3. De acordo com a professora Marian Diamond, em seu livro *Enriching Heredity*.
4. David Hubel e Torsten Wiesel ganharam o Nobel em 1981 por essa descoberta em gatinhos, o que levou a evidências de que o mesmo ocorre em humanos.
5. https://www.theguardian.com/science/2015/jan/18/modern-world-bad-for-brain-daniel-j-levitin-organized-mind-information-overload
6. https://www.ncbi.nlm.nih.gov/pmc/articles/PMC3308644/
7. https://www.theguardian.com/science/2015/jan/18/modern-world-bad-for-brain-daniel-j-levitin-organized-mind-information-overload
8. https://www.bbc.co.uk/news/health-38896790
9. https://www.nbcnews.com/health/body-odd/people-who-multitask-most-are-worst-it-flna1c9386792
10. https://news.utexas.edu/2017/06/26/the-mere-presence-of-your-smartphone-reduces-brain-power/
11. Por exemplo, leia sobre a pesquisa do professor Sarah-Jayne Blakemore em 2010: https://www.theguardian.com/science/2010/may/31/why-teenagers-cant-concentrate-brains
12. Ver os artigos e as entrevistas amplamente divulgados dos principais pesquisadores dos Estados Unidos e do Reino Unido Jay Giedd, Daniel Romer e Sarah-Jayne Blakemore. Por exemplo, ver a entrevista de Giedd aqui: www.pbs.org/wgbh/pages/frontline/shows/teenbrain/interviews/giedd.html
13. https://kids.frontiersin.org/article/10.3389/frym.2020.00075

14 Essa pesquisa foi realizada pela dra. Deborah Yurgelun-Todd, do McLean Hospital, em Massachusetts.
15 A professora Sarah-Jane Blakemore, uma renomada neurocientista que pesquisa a adolescência, fala sobre mentalização e a mudança de perspectiva aqui: https://thepsychologist.bps.org.uk/volume-20/edition-10/social-brain-teenager. Há outras referências úteis nesta revisão de dados publicada em *Frontiers in Psychology*: https://www.ncbi.nlm.nih.gov/pmc/articles/PMC6022279/
16 Há vários artigos interessantes aqui: http://sites.google.com/site/blakemorelab/recent_publications Por exemplo, "Development of the social brain in adolescence".
17 Ver o trabalho de Beatrix Luna, diretora do Laboratory of Neurocognitive Development da Universidade de Pittsburgh, na Pensilvânia.
18 https://www.brainfacts.org/brain-anatomy-and-function/cells-and-circuits/2012/hormones-communication-between-the-brain-and-the-body
19 Por exemplo, "Functional maturation of excitatory synapses in layer 3 pyramidal neurons during postnatal development of the primate prefrontal cortex", Gonzalez-Burgos G Kroener *et al* — *Cereb Cortex*, março de 2008; 18(3); 626-37. e-pub 24 de junho de 2007.
20 De acordo com pesquisa de Mari S. Golub no California Primate Research Center, da Universidade da Califórnia em Davis.
21 Por exemplo, em 2014: "Gambling for self, friends, and antagonists: Differential contributions of affective and social brain regions on adolescent reward processing", Barbara R. Braams *et al*, Instituto de Psicologia da Universidade de Leiden, 2300 RB Leiden, Holanda.
22 De acordo com o livro de Richard Cytowic, *The Man Who Tasted Shapes*.
23 A principal pesquisadora com cujo material me deparei, e que é citada com mais frequência em jornais e outros artigos, é a dra. Mary A. Carskadon, da Universidade Brown e do E. P. Bradley Hospital, em Providence, Rhode Island.
24 Esses testes incluem muitos estudos de Mary Carskadon e seus colegas.
25 https://www.sleepfoundation.org/mental-health

26 https://pubmed.ncbi.nlm.nih.gov/18979946/
27 National Sleep Foundation's 2000 Omnibus Sleep in America Poll (OSAP), realizada durante outubro e novembro de 1999.
28 De acordo com Eve van Cauter, pesquisadora do sono da Universidade de Chicago, e citado no livro de Barbara Strauch, *Why Are They So Weird?*, p. 174.
29 Esse estudo foi conduzido por Marcos Frank, um neurocientista da Universidade da Califórnia em San Francisco, publicado na revista *Neuron*, abril de 2001, e amplamente reproduzido em outras publicações.
30 Este estudo foi conduzido por Mary Carskadon e seus colegas pesquisadores.
31 "Time for Bed: Parent-Set Bedtimes Associated with Improved Sleep and Daytime Functioning in Adolescents", de Michelle A. Short e outros: http://www.ncbi.nlm.nih.gov/pmc/articles/PMC3098947/ e "Sleep in Adolescents: The Perfect Storm", de Mary A. Carskadon, PhD: http://www.ohsu.edu/xd/health/services/doernbecher/research-education/education/residency/upload/Sleep-in-Adolsescents-2011-Carskadon--PED-CLIN-NA.pdf
32 Os resultados deste estudo foram publicados no *US Today*, 27 de novembro de 2000 (ver também nota 20).
33 National Sleep Foundation, 2006. 2006 Teens and Sleep | Sleep Foundation. [online] Sleep Foundation. Disponível em: https://www.sleepfoundation.org/professionals/sleep-americar-polls/2006-teens--and-sleep
34 McNally, B. e Bradely, G., 2014. "Re-conceptualising the reckless driving behaviour of young drivers." Disponível em: https://www.researchgate.net/ publication/262385836_Re-conceptualising_the_reckless_driving_behaviour_of_young_drivers
35 National Safety Council, 2021. Fatigued Driver — National Safety Council. [online] Nsc.org. Disponível em: https://www.nsc.org/road-safety/safety-topics/fatiged-driving
36 https://pubmed.ncbi.nlm.nih.gov/27054407/
37 Por exemplo, Laurence Steinberg, "A Social Neuroscience Perspective on Adolescent Risk-Taking": https://www.ncbi.nlm.nih.gov/pmc/articles/PMC2396566/

38 Por exemplo, "Earlier Development of the Accumbens Relative to Orbitofrontal Cortex Might Underlie Risk-Taking Behavior in Adolescents", Galvan A. *et al, Journal of Neuroscience* 26. 6885-6892 (2006) http://www.jneurosci.org/content/26/25/6885.full.pdf
39 Zimmerman *et al*, 1997.
40 Por exemplo, "Adolescent Development and Juvenile Justice", de Laurence Steinberg. *Annu. Rev. Clin. Psicol.* 2009. 5:47–73; e pesquisa de Abigail Baird mencionada aqui: http://www.newscientist.com/article/dn6738
41 "Presence of peers heightens teens' sensitivity to rewards of a risk." ScienceDaily. Universidade Temple (28 de janeiro de 2011). http://www.sciencedaily.com/releases/2011/01/110128113428.htm
42 http://www.youngpeopleshealth.org.uk/wp-content/uploads/2019/09/AYPH_KDYP2019_Chapter4.pdf
43 Existem muitas estatísticas que você pode encontrar online, com base em uma ampla gama de estudos feitos em diferentes países, mas sugiro começar pelo site da Drinkaware (por exemplo, Drinkaware 2014 Monitor: Young People Report. Disponível em: https://www.drinkaware.co.uk/about-us/knowledge-bank/young-people-monitor-key-points), e, para um relatório dos EUA, ver Chen, C.M.; Yoon, Y-H.; Faden, V. B. Surveillance Report #107: Trends in Underage Drinking in the United States, 1991–2015. Bethesda, Maryland: National Institute on Alcohol Abuse and Alcoholism, março de 2017.
44 De acordo com a pesquisa de Scott Swartzwelder, da Universidade Duke.
45 Substance Abuse and Mental Health Services Administration (SAMHSA). Pesquisa sobre uso de drogas e saúde feita em 2019 nos Estados Unidos.
46 Center for Behavioral Health Statistics and Quality National Survey on Drug Use and Health 2019 (NSDUH-2019-DS0001) Conjunto de dados de arquivo de uso público.
47 Scott Swartzwelder, "Differential sensitivity of NMDA receptor-mediated synaptic potentials to ethanol in immature vs. mature hippocampus", *Alcoholism: Clinical and Experimental Research*, v. 19, 1995.
48 Sandra A. Brown, Susan F. Tapert, Eric Granholm e Dean C. Delis, "Neurocognitive functioning of adolescents: effects of protracted alcohol use", *Alcoholism: Clinical and Experimental Reaseach*, v. 24, 2000.

49 https://alcoholeducationtrust.org/teacher-area/facts-figures
50 Relatório "HSCIC Smoking, drinking and drug use among young people in England 2018", publicado em 2019.
51 Stringer, H., 2017. Justice for teens. https://www.apa.org/monitor/2017/10/justice-teens
52 https://theconversation.com/extreme-male-brain-theory-of-autism--confirmed-in-large-new-study-and-no-it-doesnt-mean-autistic-people--lack-empathy-or-are-more-male-106800
53 www.spectrumnews.org/news/autisms-sex-ratio-explained/
54 https://www.nature.com/articles/s41598-021-87214-x
55 https://www.sciencedirect.com/science/article/abs/pii/S0306453016300671
56 https://www.sciencedaily.com/releases/2015/12/151207081824.htm
57 https://www.sciencedirect.com/science/article/pii/B9780444641236000072
58 https://www.tandfonline.com/doi/full/10.1080/1357650X.2018.1497044
59 https://www.webmd.com/men/features/exercise-and-testosterone
60 https://bmcpsychiatry.biomedcentral.com/articles/10.1186/s12888-018-1591-4
61 Esta pesquisa foi realizada pela professora Michelle Ehrlich e pela dra. Ellen Unterwald na Thomas Jefferson University, Filadélfia.
62 Charles A. Nelson, "Neural plasticity and human development: the role of early experience in sculpting memory systems", *Developmental Science*, 3:2, 2000.
63 M. C. Diamond, D. Krech e M. R. Rosenzweig, "The effects of an enriched environment on the histology of the rat cerebral cortex", *Journal of Comparative Neurology*, 123, 1964.
64 Por exemplo: Adolescence: An Anthropological Inquiry, de Schlegel & Barry, publicado em 1991, analisando 170 sociedades; e Chen & Farruggia, publicado em 2002: Culture and Adolescent Development. Online Readings in Psychology and Culture.

Você pode encontrar mais links e referências em nicolamorgan.com, na seção *Blame My Brain*.

Impressão e Acabamento:
BARTIRA GRÁFICA